玩出来的逻辑思维

沉浸式侦探推理游戏书

伤蓝 著

中国法制出版社
CHINA LEGAL PUBLISHING HOUSE

小侦探档案

姓名：李小贝

性别：男

年龄：15 岁

职业：贝克街侦探社的一名侦探

小贝侦探虽然只有 15 岁，但是极具破案天赋，是贝克街闻名遐迩的神探。

姓名：王双双

性别：女

年龄：13 岁

双双侦探虽然年纪不大，但小小的脑袋里装着各种各样的知识，她是小贝侦探最得力的助理。

小侦探的教学课

（本书使用提示）

嗨，亲爱的读者，当你拿到这本书的时候，一定有许多疑问吧？你可能会问：侦探推理游戏到底是什么？又该怎样“读”与“玩”这本书呢？

不清楚也没关系，下面我就为大家一一解答！

侦探推理游戏是一种以文字为主的智力游戏。在本书中，读者将扮演一名侦探，利用题目中的各种线索，拨开迷雾，揭开谜底。只要你愿意，也可以扮演小贝侦探或双双侦探。

如果题目太难，没有解答的思路，应该怎么办呢？不用担心，我们会在题目中的【线索与推理】部分以“关键线索”图标和文字分析的方式进行提示，引导读者去思考和解答。

下面举一个例子。

一天下午，一位女士被发现晕倒在公寓里。这位女士被发现的时候，身上穿着内衣，头部有处被钝器袭击造成的伤口，袭击的时间可能是在中午 12 点。

小贝侦探通过走访，找到了两个可疑的犯罪嫌疑人，第一个嫌疑人是一名快递员，第二个嫌疑人是这位女士的男朋友，他们在中午 12 点前后，曾先后拜访过这位女士。

试问：袭击女士的凶手会是谁呢？

当面对一道题目时，读者要先仔细地阅读题目，了解案情的前因后果，并从题目中提取出关键信息，再利用逻辑思维能力展开思考，最终揭开谜底。

关键线索：女士被袭击时身上穿着内衣。

大家试想一下：在正常情况下，如果家里有客人来访，主人会只穿着内衣出来接待客人吗？当然不会，主人为了自己的形象，同时也为了尊重客人，往往会换上其他衣服。那么，反向思考，这位女士是在见什么人的时候，会只穿着内衣开门呢？

这样来看，这个人应该是与这位女士关系亲密的人，也就是题目中的第二个嫌疑人——这位女士的男朋友。所以，可以得出判断：袭击女士的凶手应该是这位女士的男朋友。

看完这个例子，相信你已经跃跃欲试了，那么，请开始你的侦探之旅吧！

（注意：现实中的侦探破案要复杂、离奇得多，也有多种可能。本书作为一本游戏书，内容有戏剧化的特征，仅供益智。）

序　言

自从 1841 年，美国诗人、小说家埃德加·爱伦·坡发表了第一篇侦探小说后，侦探推理游戏便开始风靡全球。侦探推理游戏是一种极具逻辑性和推理性的智力思维挑战游戏，它不仅能培养逻辑推理能力，还能对大脑进行系统性的锻炼。

作为“玩出来的逻辑思维”系列中的一本开创性侦探推理作品，本书设计了两个关键人物，主人公侦探小贝（男）和他的助理侦探双双（女）。我将全书分为三个部分，第一部分的主角是小贝，案件相对棘手；第二部分的主角是双双，案件相对轻松；第三部分则是两个人联手，难度略高。读者可以一起阅读，也可以挑选自己喜欢的角色进行阅读。

本书最大的特点，我们称之为沉浸式体验，即通过角色的设计，让读者切换为侦探模式，从侦探的思维角度，根据书中的线索一步步思考、破案。

本书以侦探推理游戏为主线，同时加入大量有趣的、极具益智性的谜题，能让读者在锻炼推理能力的同时，充分调动大脑的潜能，进一步开发想象力、创造力、观察力和逻辑思维能力等。

为了使阅读更有趣味性，我们专门聘请了资深插画师史韵雪为本书配图，让读者在阅读、思考的同时得到视觉享受。除此之外，还可以在侦探小助手的协助下，一一破解这些扑朔迷离、悬念迭出、惊险曲折、扣人心弦的案件。

本书分为上、中、下三篇，上篇以小贝侦探为主角，中篇以双双侦探为主角，下篇则是小贝和双双合作。读者可以根据自己的性别代入游戏中，也可以通过换位思考的方式，进行角色互换，体验破案的不同思维方式。

希望这本书能够让读者放松、休闲，并开阔大家的视野，增长大家的智慧。

目录
CONTENTS

上 篇　小贝侦探破大案　/001

1. 失踪的戒指　002
2. “我真的没玩手机”　008
3. 医生遇袭　011
4. 榴梿和杧果　015
5. 恶毒的侄子　020
6. 停电谋杀案　023
7. 染血的稻田　026
8. 未发现指纹的案件　029
9. 谁是越狱犯?　033
10. 筷子和鸡蛋　037
11. 火灾烧毁的化妆品　041
12. 失踪的女孩　044
13. 虎口脱险　048
14. 假象　051
15. 赌徒的悲剧　056
16. 深夜抢劫案　060

17. 不该发生的悲剧 064
18. 金表窃贼 068
19. 危情营救 071

中篇 双双侦探显身手 /075

1. 工整的求救信 076
2. 包甜的西瓜 079
3. 预知未来 083
4. “啊，是谁干的？” 087
5. 绝世“宝刀” 091
6. 暗黑老奶奶 094
7. 狡猾的贩毒集团 098
8. 牛皮大王 103
9. 致命聚会 107
10. 纽扣 112
11. 躲在柜子里的变态 116
12. 蹊跷的火灾 120
13. 密室谋杀案 124
14. 桑塔越狱了 128
15. 娇艳的玫瑰 132
16. 监视危机 136
17. 影子 140
18. 玫瑰炸弹客 144

下 篇 双剑合璧，天下无敌 /149

1. 暗杀未遂 150
2. 有毒的梳子 154
3. 一封遗书 158
4. 怪房客 161
5. 调虎离山 165
6. 银行劫案 169
7. 茶话会 173
8. 被枪击的女演员 177
9. 走私武器 181
10. 凶器之谜 185
11. 敲诈 189
12. 离奇坠亡 193
13. 游乐园里的悲剧 198
14. 胡狼的末日 207

上篇

小贝侦探破大案

1. 失踪的戒指

难度：★　能力培养　观察力　想象力

早晨，小贝侦探独自前往森林打猎。突然，森林中传来争吵声。小贝侦探看到 3 个男子正在大声争论着什么。

出于职业习惯，小贝侦探前来帮忙。

其中一个男子开始诉说争吵的原因：“我叫吴勇，这两个是我的朋友——李林和张德。我们结伴来打猎，因为匆忙出门忘了摘下祖母绿宝石戒指，又担心弄丢，所以在打猎前，我便当着两个朋友的面，把戒指放在帐篷里，但是等到打猎回来却发现戒指不见了。”

说完，吴勇怒气冲冲地指着李林说：“戒指肯定是你偷的，你一直有小偷小摸的习惯。”

“朋友，你可别冤枉我，我早就改邪归正了，我没偷，不信你可以检查我的身上。”李林说。

于是，吴勇当着小贝侦探的面，让李林掏出了身上所有的东西，但都没有找到戒指。

吴勇便转头对张德说：“李林身上没有戒指，那就是你偷的，你是第一个回到帐篷的。”

“笑话，我打了这么多猎物，哪有时间去偷你的戒指。”张德说完，便让吴勇检查。

结果他身上也没有戒指。

“这到底是怎么回事？”吴勇像一个泄了气的皮球，坐在地上大哭起来。

“我建议你还是把戒指物归原主吧。”小贝侦探紧紧地盯着窃贼，“我根本不相信你的话，因为我已经找到了丢失的戒指”。

试问：偷走戒指的窃贼是谁？小贝侦探又是怎样找到戒指的？（请结合内容，并仔细观察下图进行分析）

【线索与推理】

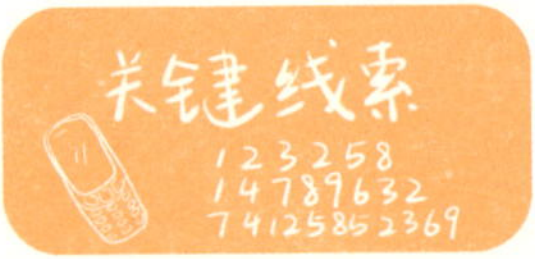

仔细观察本节图片中的猎物，有没有发现不对劲的地方？这是一处非常细微的线索，只有具备极强观察能力的读者才能发现。

拿到一个案件时，首先要分析事件的起因，然后弄清整个案件的相关人物，如受害人、证人、嫌疑人。现在读者需要进入角色，切换到小贝侦探的思维模式，对案情进行详细的分析。

下面是一张线索墙，其原理是思维导图。熟悉思维导图的读者一眼就能看出线索墙就是复流程图，是一种思维导图，也被称为因果关系图，可以用来分析多个分支事件同时出现的情况。

在这里，我们借助思维导图的工具，分析一下几个嫌疑人的情况。本案除了小贝侦探，一共有 3 个人，分别是：吴勇、张德、李林。接下来请你根据下面的思维导图模板，自行填写分析思路。

分析此类问题时，如果没有思路，一定要仔细看“线索与推理”下面的“关键线索”提示。

本题的关键线索是猎物，同时本题是为培养观察力与想象力而设计的，那么第一时间应该意识到线索就在图片中，这是作为一名侦探的本能。如果你可以从图片中发现蛛丝马迹，那么这个案件就可以侦破了。如果没有看出端倪，我们就来进一步分析。

由受害人吴勇的陈述可知，张德和李林都知道戒指放在何处，因此他们都有作案嫌疑。接下来借助思维导图进行分析。这次我们用的是树形图，核心主题是“戒指”，一级分支则用来归纳线索。

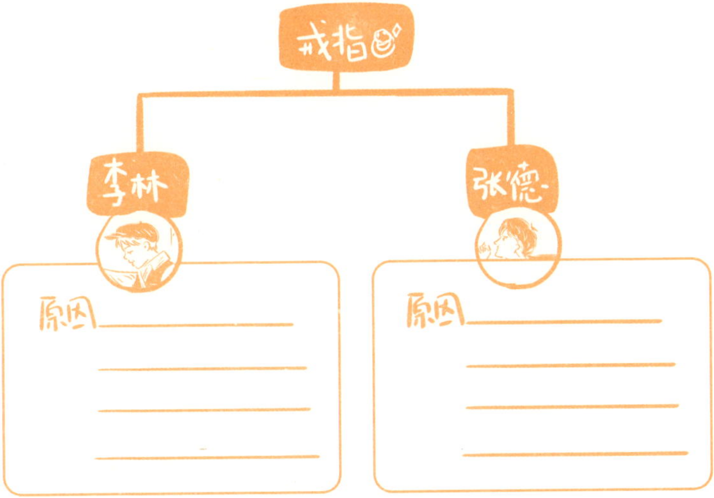

通过思维导图的分析，线索更加清晰地呈现出来：张德是第一个回到帐篷的，那么他有充足的作案时间，可以偷走戒指并藏起来，这也是在两个嫌疑人的身上都没能搜出戒指的原因。

根据张德的陈述，他此次打猎收获颇丰，根本没时间去偷戒指。从逻辑上判断，这个理由是不成立的。张德是第一个进入帐篷的人，因此他完全有时间找到吴勇的戒指，而他担心被怀疑，所以将戒指藏了起来。而他藏匿戒指的地方非常隐蔽，如果你仔细观察图片就可以看出，张德抓了很多鸟回来，其中一只鸟的嘴巴里似乎有一个黑点。

没错，其实线索已经在图片中，是张德将戒指偷走，并藏在猎物的嘴巴里，以避开搜查。

2. “我真的没玩手机”

难度：★

能力培养
逻辑推理

一天夜里，小贝侦探接到一个求助电话。拨打电话的是一名小学三年级的学生，他叫小明。小明在电话中叙述了他此刻遭遇的困扰，请求小贝侦探帮忙。

小明从小家教甚严。他的家是一个古色古香的庭院，虽然房子的面积很大，但只有他和妈妈在此居住。

今天下午，小明的妈妈临时有事外出，临走前叮嘱小明回房间写作业。为了防止小明玩手机，妈妈特意将家里的手机放到客厅的柜子上面，从客厅走到小明的房间大约 2 分钟。

妈妈离开后，小明回到房间开始写作业。他非常听话，没有偷玩手机。但小明没想到的是，妈妈回来后，根本不相信他没有偷玩手机，认定他一直在客厅玩游戏，直到自己回来时，才偷偷跑回房间，假装在认真地写作业。

面对着妈妈的不信任，小明觉得非常困扰，可是他也想不到如何来证明自己没有偷玩手机，为了打消妈妈的怀疑，小明决定求助小贝侦探。

听完小明的叙述，小贝侦探笑了，说道：“你只要这样告诉妈妈，她肯定会打消对你的怀疑。”

试问：应该如何证明小明没有走出房间偷玩手机呢？

【线索与推理】

拿出手机，持续地玩游戏，看看会有什么变化？

妈妈怀疑小明一直在客厅玩手机打游戏，在她回来时，才偷偷跑回房间假装认真地写作业，这意味着手机一直在长时间保持着高耗能的运行状态，那么手机的温度会升高，后壳会变得很烫。

小明想要证明自己的清白，只要让妈妈摸一摸手机的后壳，感觉是否发烫，就能证明自己有没有说谎了。

3. 医生遇袭

中秋佳节，医生陆大明在自己的诊所里遭到歹徒袭击，重伤住院。

根据小贝侦探的调查，陆大明平时为人正派，没有什么仇家。在他办公室的柜子里，小贝侦探发现了一封情书，其中提到了一个名字陈丽丽。她是某公司老板曾香的妻子。

此外，小贝侦探还注意到一个细节，药品柜里的药品摆放比较杂乱，似乎有被人翻动的痕迹。

经过一番调查，小贝侦探发现 3 个人有重大犯罪嫌疑。

（1）某公司老板曾香的妻子陈丽丽：陈丽丽和死者关系暧

昧，近期和死者已无往来。

（2）某公司老板曾香：因为怀疑妻子有外遇，他最近曾找私人侦探调查妻子的行踪。

（3）病人王宏：他在案发当天曾找死者看病，但因为没钱，最后被死者赶了出去。

试问：是谁袭击了医生？

【线索与推理】

本案一共有两个关键线索，第一个是四个人物之间的关系，第二个是药品被翻动过。结合这两个关键线索寻找破案方向，相信你就会有所突破。

一共有 3 个犯罪嫌疑人，我们用排除法进行推理，先假定其中一个嫌疑人是真正的凶手，然后将行凶动机与推论写下来，填在下面的表格里。

凶手	动机	推论
陈丽丽		
曾香		
王宏		

假设凶手是陈丽丽，根据案情，没有线索表明她有行凶动机，而且两个人已无往来，没有纠葛，因此她不具有杀人动机；

假设凶手是曾香，陈丽丽是曾香的妻子，作为公司老总的曾香怀疑妻子有外遇，并雇了私人侦探调查，具有杀人动机，但没有更多的证据；

假设凶手是王宏，他来找陆大明看病，但是因为没钱而被赶走。王宏也有杀人动机，他可能身患重病，在无法得到救治的情况下选择杀人。再结合药品被翻动的线索，可以推断，王宏被赶走之后越想越生气，于是再次回到诊所找陆大明理论，在争执中杀了陆大明，然后自行寻找药品。

再来看曾香，虽然知道妻子出轨，但是通过调查发现妻子与陆大明已经分手，所以没必要杀人。由此可以推断，病人王宏最有可能是凶手。

4. 榴梿和杧果

难度：★　　能力培养 联想力

深夜，小贝侦探接到一个离奇的案件，一个酷爱侦探推理游戏的房地产商失踪多日。小贝侦探前往房地产商的豪宅进行现场勘察，发现没有丢失任何财物，现场比较凌乱，但是没有留下任何指纹，显然已经过处理。唯一让人感到奇怪的是，房地产商家中的茶桌上摆放着一个榴梿和一个杧果。

在房地产商书房的电脑中，经过专业人员的解码，小贝侦探发现了一个文档，里面写着一些内容，如下图所示。

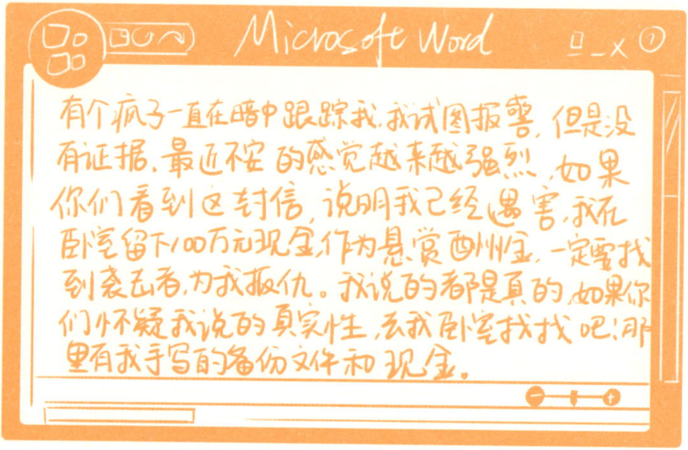

根据这份文档的提示，小贝侦探在房地产商卧室的柜子里，找到了一封手写的文件和一沓现金，笔迹也与房地产商的笔迹相符，想来房地产商所言不虚。

经过几天的调查，小贝侦探确定了3个可疑的嫌疑人，他们分别是：

（1）会计杜由，最近请过假，他与房地产商，也就是他的老板有矛盾，没有不在场证明；

（2）流氓江川，因遭受房地产商的嘲笑，曾扬言要杀了房地产商，没有不在场证明；

（3）快递员小张，因一次投递遭到房地产商的刁难，被老板训斥、扣钱，因此对房地产商怀恨在心，没有不在场证明。

试问：谁与房地产商的失踪案有关？

【线索与推理】

关键线索

榴莲杉果

首先，我们利用思维导图中的树形图进行分析。

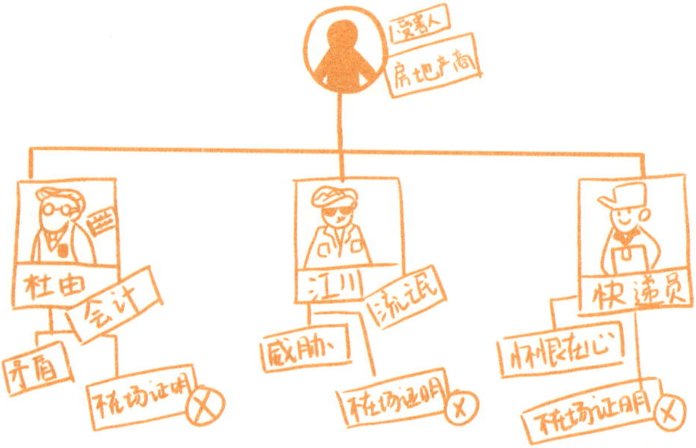

可以看出，3 个嫌疑人都没有不在场证明，而且都有杀人动机，需要进一步分析线索，确定凶手。根据关键线索的提示，我们应该将关注点放在图片中的榴梿和杧果上。

富商家中的茶桌上摆放着一个榴梿和一个杧果，在不看提示的情况下，可能很难联想到答案，但是作为一名侦探，一定要善于观察细节，不能放过任何蛛丝马迹。

当你看完提示之后，如果再想不到答案，说明你可能缺乏一点点侦探的天赋，需要继续努力练习，提高推理能力。

当我们看到破案方向时就应该意识到：

这可能是失踪者对警方的暗示，暗示凶手的身份。

Liulian（榴梿）+Mangguo（杧果），L+M 刚好是“流氓”的谐音，所以凶手是流氓江川。

原来，地产商发现凶手之后，深知在劫难逃，所以留下线索，通过水果谐音的方法，巧妙地提示警方，而这一细微的设计并没有被凶手察觉。

5. 恶毒的侄子

难度：★ 能力培养 逻辑推理

小江最近欠下一大笔赌债，为了还债，他动了杀害自己富有的独居婶婶，并夺取她钱财的念头。

当天夜晚，小江在婶婶家楼下的水果店买了一袋橘子，提着橘子来到婶婶家。婶婶开门之后感到很奇怪，小江怎么来了，他很少来看望自己，而且这么晚登门拜访。婶婶白手起家，虽然一把年纪了，但是头脑清醒，而且已经听说了小江欠下赌债的事，对于这个劣迹斑斑的侄子，她没有一点好感。于是，她悄悄拿出一本笔记本，虽然表面上不动声色，但是心里很生气，于是用笔重重地写下了一行字："侄子小江深夜造访。"

小江和婶婶聊了一会儿，然后小江趁着婶婶低头剥橘子的时候，随手拿起一个花瓶砸向了婶婶……杀害婶婶之后，小江将婶婶家中的财产席卷一空，临走前还特地检查了一遍，发现了写在笔记本上的字，于是他将这一页撕下来用打火机点燃，把纸灰扔进马桶冲走了。

随后，小江清理了现场，关上门，逃离了现场。

没想到，第二天他就被警方逮捕了。

试问：小江留下了什么线索？

【线索与推理】

关键线索

笔记本 

根据关键线索提示，我们应该将注意力集中在笔记本上。而且线索似乎都被小江清理干净了，只剩下笔记本这条线索可以跟进。写字的那一页被销毁了，还有什么线索呢？

作为一名侦探，当没有思路的时候，不妨亲自动手试试，找一本笔记本，在上面使劲写下“侄子小江深夜造访”几个字，看看能不能发现线索。

虽然小江清理了现场，并且烧毁了笔记本上写有“侄子小江深夜造访”的那一页，但是小江忽略了笔记本的第二页，因为笔记本的纸张不会很厚，当在第一页写字的时候，因为压力的关系，文字的印痕会显示在第二页。

如果你足够仔细，一定会发现小江的婶婶在写下这行字的时候是很生气的，而且是“重重地”写下这几个字，你可以拿一本笔记本写几个字试试，看看会不会留下痕迹。由于当时小江在慌乱地收拾现场，并没有注意到这个细节，小贝侦探才得以在第二天轻松发现凶手。

6. 停电谋杀案

难度：★★　能力培养　观察力　逻辑推理

李进是贝克街知名的作家，昨晚停电期间他不幸遭到歹徒入室袭击，重伤昏迷住院。警方在现场没有发现任何打斗的痕迹，歹徒似乎是从背后突然袭击李进的。

小贝侦探赶到现场后，很快就锁定了4个嫌疑人，他们都在停电期间来过李进家。

李丁：“我是李进的大哥，因为最近公司周转困难，所以想来向弟弟借点钱，但是看到房间黑着灯，我猜他应该不在家，所以就离开了。”

艾米：“我是李进的妻子，本来我在做饭，后来突然停电了，我只能出去打包几个菜，我和老公关系还算融洽，虽然这几天我们因为钱的事情吵过架。”

李森：“我是李进的弟弟，是一名学生，哥哥今天叫我来找他取钱，可是我按了很久的门铃也没人开门，然后就离开了。”

张晋：“我是李进的同事，最近因为公司的事和他有财务纠纷。我今天本来打算来取文件，可是打电话他没接，门也关着，没办法，我只能先走了。”

听完他们的供词，小贝侦探突然大笑起来：“撒谎也不想清楚再说。”

试问：小贝侦探是如何判定有人在说谎的，这个人是谁？

【线索与推理】

根据关键线索的提示，你能想到什么呢？接下来我们进一步分析，首先将4个嫌疑人的陈述与伤者的关系列出来。

袭击李进的凶手很可能是他的弟弟李森。由案情可知，伤者是在停电期间被袭击的，而从图中可以看出，伤者大门上的门铃是那种需要接电的老式门铃，那么既然停电了，门铃怎么会响呢？从这一点可以判断，李森在说谎。

7. 染血的稻田

深秋的某天，落叶纷飞，有个流浪汉在饥寒交迫中途经一处庄稼地。当时正是丰收的季节，农民们挥舞镰刀，忙着在地里收割庄稼。流浪汉看见了，突然在心里打起了坏主意，决定晚上去偷点稻子维持生计。

说来也巧，当天夜里庄稼地附近的区域突然停电了，几乎伸手不见五指。流浪汉心中暗喜：“真是天助我也。”于是他满心欢喜地跑到地里去偷稻子。

第二天，可怕的消息很快传开了，流浪汉死在了稻田中。

小贝侦探到达现场后，细心地查看了死者的尸体，发现死者脚上有一道触目惊心的伤口，稻田里也到处都是血，远处还

有一把染血的镰刀被扔在稻草人前面的稻田上。

经法医检验，流浪汉的死因是失血过多。

试问：流浪汉是怎样死亡的？

【线索与推理】

很多人在分析这个案件时，可能会将其当作谋杀案来分析，认为流浪汉在偷东西的时候被人发现，导致其被杀。但是根据已知的线索，并没有关于凶手的任何信息。因此，这时候就需要转变思考的方向。

接下来请你根据已知线索，自行填写下面的表格。

线索 1：死者脚上有一道触目惊心的伤口

线索 2：停电

线索 3：一把染血的镰刀被扔在稻草人前面的稻田上

线索 4：经法医检验，流浪汉的死因是失血过多

由于没有任何证据表明是他杀，那么流浪汉的死亡很可能是一场意外。根据这个方向进行推理，可以得出如下结论。

当天夜里因为停电，伸手不见五指，流浪汉摸黑进入稻田准备偷庄稼时，不小心误踩了农民放在稻草人前面的镰刀，流了很多血；由于长时间没有进食，再加上流了很多血，流浪汉很可能是因为没有力气爬出稻田求救，失血过多导致死亡。

8. 未发现指纹的案件

难度：★★

能力培养

常识　逻辑推理

一年一度的贝克街运动会正在如火如荼地举行，来自各个国家的运动员齐聚贝克街体育馆，好不热闹。闲着无事，小贝侦探也来到体育馆观看比赛。

没想到，小贝侦探刚到就发现体育馆乱成一团，一打听，原来日本运动员三本夫刚刚被人谋杀，死在自己的房间里。

小贝侦探开始介入这起案件的调查。

根据小贝侦探的调查，死者是被利器刺死的，但是让人感到奇怪的是，无论是在犯罪现场还是凶器上，都没有发现任何指纹。

通过调取安检部门的监控，当天一共有4个人进入过死者的房间，但他们逗留的时间都非常短暂，不可能在杀人后还有时间清理现场，换句话说，死者是被一个“没有指纹”的人杀害的。

以下是4个嫌疑人的资料：

（1）约翰：来自美国的篮球运动员，据悉和死者因为拌嘴交恶；

（2）福克斯：来自英国的游泳运动员，据悉他和死者因为换房间的事情发生过口角；

（3）伯顿：来自法国的铅球运动员，据悉他和死者因为金钱问题互相怀恨在心；

（4）由美：来自日本的短跑运动员，据悉他和死者长期保持不正当关系。

看完4个嫌疑人的资料，小贝侦探很快就指出了杀害三本夫的凶手。

试问：杀害三本夫的凶手会是谁呢？

【线索与推理】

从4个犯罪嫌疑人与死者的关系图进行判断，约翰、福克斯都与死者发生过小矛盾，但不足挂齿；而伯顿、由美与死者的问题显然更为复杂，但是通过分析案情，并没有找到更多相关的线索。

根据关键线索的提示，我们应该将重点放在指纹上。但是分析之后发现，现场没有留下任何指纹。通过监控发现，4个嫌疑人在死者房间逗留的时间都非常短，根本没时间清理现场。

案件似乎走进了死胡同。这时就需要考验涉猎的一些“冷知识”了，可以从4个犯罪嫌疑人的职业背景入手。

你有思路了吗？想一想，什么职业的人会“没有指纹”呢？

【真相大白】

杀害三本夫的凶手是福克斯。

如果你有一定的关注就会了解，很多游泳运动员会出现“没有指纹”的状态。游泳运动员长年累月在水中练习游泳，手上的皮因为长时间的浸泡和磨损，他们的指纹经常会“几乎消失”，乃至于指纹识别的设备都难以识别。

9. 谁是越狱犯？

难度：★

能力培养

观察力　逻辑推理

凤凰城监狱有一名囚犯越狱，根据警方的通告，这名囚犯已经逃亡了 3 个月，此时已潜入贝克街。但因为警方的疏忽，没有及时将囚犯的照片传给贝克街警方，这给追捕行动带来了很大的难度，目前已知的线索是，囚犯是一个光头男子。

为了保护居民的安全，小贝侦探自告奋勇前往帮忙捉拿这名囚犯。根据线报，小贝侦探来到一家炸鸡店，可是小贝侦探没料到的是，当时在饭店用餐的客人中，一共有 4 个光头男子。他们分别是：

（1）穿夹克的光头男子：此人长得肥头大耳，面红齿白，此时正在餐桌前大口大口地吃肉；

（2）穿短袖健身衣的光头男子：此人体格健壮，此时正在餐桌前大口大口地啃着炸鸡；

（3）穿绿色短袖衣服的光头男子：此人身材中等，此时正在餐桌前大口大口地喝着酒；

（4）穿背心的光头男子：此人身材瘦削，面容有些暗淡发黄，衣服脏兮兮的，餐桌前只有一碗素面。

试问：谁是越狱逃跑的囚犯呢？

【线索与推理】

本案的关键线索是嫌疑人已经逃亡了 3 个月，作为侦探，这时候就需要展开联想，可以通过换位思考的方式，把自己想象成一名逃亡 3 个月之久的越狱犯，在下面的思维导图中描述自己目前的状态。

【真相大白】

利用思维导图分析完线索之后，再结合 4 个光头男子的情况进行分析，就很容易锁定犯罪嫌疑人。很显然，越狱犯是那名穿背心的光头男子。

此人身材瘦削，面容有些暗淡发黄，衣服简陋，浑身脏兮兮的，这是在长达3个月的逃亡过程中，身体疲劳、缺衣少食造成的。有人会问，他为什么只吃一碗素面？应是大口吃肉才对啊！没错，但是这样问的人忽视了一个重要的细节，越狱犯身上一般是没有太多钱的，在逃亡中，由于缺乏收入来源，往往只得节衣缩食。

10. 筷子和鸡蛋

难度：★★

能力培养

联想力

一天上午，小贝侦探的朋友——外卖员老王在给客户送餐时，忽然看到有一根棒棒糖从空中掉落在他面前。

老王抬头望去，三楼的窗台上，有一个女人的身影迅速躲了进去。

“那不就是点餐的那个客户家吗？”

老王捡起棒棒糖，想着一起给客户送上去。来到三楼，老王按响了客户家的门铃。

“您好，您的外卖到了。”

“哦，你放门口就行了……我刚洗了澡，不方便。”一个女

人支支吾吾地回应着。

“门口有人搬家，都是尘土，会弄脏的，我还是给你放里面吧。”

足足有 10 秒钟，没人回应。

“让你放门口就好了，啰里啰唆的。”

“对了，我加了一双筷子和一个鸡蛋，你看看有没有，如果加了就赶紧走吧。”女子突然加大了音量，表现得很生气。

“什么筷子和鸡蛋……这明明是八宝粥啊，她在说什么？”老王嘀咕着。

“啊，不好！”老王猛然意识到了什么，连忙放下外卖，快速跑出楼道，并迅速拨打了报警电话。

试问：老王为什么要这样做？

【线索与推理】

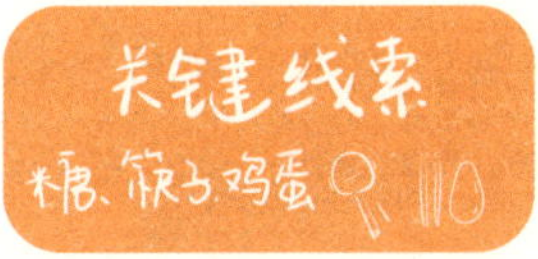

根据关键线索的提示，你能联想到什么呢？仔细观察图片，然后将你的猜想填在下面的表格中。

【真相大白】

作为侦探的朋友，快递员老王显然从小贝侦探那里学过几招，并且具备敏锐的侦查意识。

几个关键线索都是相互联系的，棒棒糖不是从天而降的，而是女子扔下去的，当她看到外卖员到楼下的时候，故意扔出棒棒糖，是为了吸引老王的注意力。

到这里，如果你具备强烈的侦探意识，已经能够察觉出不对劲了，之后最关键的线索出现了，一双筷子和一个鸡蛋，如上图所示。筷子与鸡蛋的组合，刚好可以拼出“110”的字样，原来女子故意提高嗓门，是为了提示外卖员。

该女子的一系列做法都是为了求救，她可能遭遇了危险，被人胁迫，所以只好通过这种方式不动声色地向外界求助。

11. 火灾烧毁的化妆品

深夜，贝克街百货大厦突然失火，火势极其猛烈，烧毁了整整20间店铺。这场大火给这些商铺的老板造成了很大的损失。

火灾过后，善良的贝克街居民纷纷慷慨解囊，筹钱捐款，以期帮助店家渡过难关。但让人没想到的是，20名店主中居然有人怀着不良之心，意图谎报受损情况，从而获得更多的赔偿。

为了避免这种浑水摸鱼的情况，警方请来贝克街大名鼎鼎的小贝侦探前来调查。

调查进行得很顺利，就在小贝侦探准备将调查结果告知警方时，一个年轻女子拦住了他，拿出一个烧焦的拉杆箱说：“小贝侦探，你看，这里面是我前天刚买的化妆品，都被烧毁了。这些化妆品非常昂贵，我损失太大了，请帮帮我吧！”

小贝侦探打开拉杆箱看了看，笑了起来：“姑娘，你这些廉价化妆品并没有那么昂贵，况且它们也不是被这次大火烧毁的吧？”

试问：小贝侦探是怎样看穿女子的诡计的？

【线索与推理】

关键线索提到了火势凶猛与廉价化妆品两个细节。

廉价化妆品经过熊熊大火燃烧后会怎么样？

【真相大白】

一些读者会发现，廉价化妆品为了控制成本，一般会选择塑料包装，塑料被大火烧过之后就烂了，甚至被烧化了，然而从上面的图片中，可以明显看出化妆品虽然有被烧过的痕迹，但瓶子本身是完好的，并没有出现干瘪、漏液等情况，试问在猛烈的大火中，这些塑料瓶子怎么可能幸免于难呢？

原来，这个年轻女子伪造了化妆品被焚烧的迹象，但是她伪装得并不成功。为了节约成本，她可能买来一些廉价化妆品，然后将它们用火烧，但是烧的时间不够长，所以没有造成塑料瓶子明显的干瘪、损毁，她的目的是想以较小的损失来骗取赔偿。

12. 失踪的女孩

难度：★★

能力培养：观察力 联想力 逻辑推理

雨淅淅沥沥地下着，这场雨已经下了两天两夜，一刻都没有停过。就在这个雨夜，一个 10 岁的小女孩在自己家门口的街道上离奇失踪了。

警方调查了这条街的每一个角落和隐蔽场所，但是始终没有找到这个女孩，警方不知道小女孩是如何失踪的，此时又被藏匿在何处，他们唯一能确定的是，这个女孩是在这条街上失踪的，而且这个诱拐甚至绑架小女孩的歹徒极有可能也藏在这条街上。

这条街道并不宽敞，由于位置比较偏僻，也没有摄像头，沿街只有4个地点：

（1）小卖店：这是一间不到10平方米的小店；

（2）小饭馆：15平方米的小饭馆，只有4张桌子；

（3）街心花园：这是一个小公园，只有一个水池，一条步行道，周围种着花草树木；

（4）马戏团：根据调查，马戏团的地方比较大，里面住着老虎、狮子、大象，它们都被关在笼子里，而鳄鱼都在池子里。

看完警方提供的案件调查报告，小贝侦探伸手指了指，说道："女孩消失之谜解开了，她就在这儿，从未离开，这真是一

个不幸的意外。”

试问：小女孩是怎样“消失”的？

【线索与推理】

关键线索

警方调查了街角落和隐蔽场所

我们先将小女孩可能被藏匿的地方整理出来。

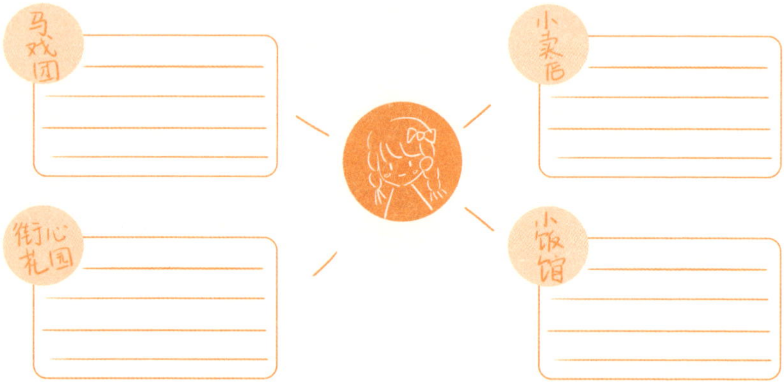

列出可能藏匿的地点之后，我们简单做一个分析：

· 小卖店：不到 10 平方米，能藏人的地方不多，能装下小女孩的应该只有冰柜；

· 小饭馆：只能摆放 4 张桌子，能藏人的地方只有后厨；

· 街心花园：从描述来看，这是一个开放式的公园，能藏人的地方只可能是水池底下；

· 马戏团：只有马戏团的地方比较大，能藏人的地点比较多，警方调查时，除了鳄鱼，动物都被关在各自的笼子里。

以上 4 个地点均有藏匿小女孩的空间，但我们再来看关键线索，“警方调查了每一个角落和隐蔽场所”。也就是说，女孩不在上述 4 个地点。

难道女孩失踪了吗？

【真相大白】

关键线索还有一个，就是“动物”。一个 10 岁的小女孩，很容易被各种动物吸引，所以小贝侦探推测，她可能是趁着下雨从家里偷跑出来，想去马戏团看动物。

警方虽然搜查了这条街道上所有的角落和隐蔽场所，但是却忽略了那些野生动物。老虎、狮子、大象都被关在笼子里，但是鳄鱼没有，它们在池子里，池子周围没有安装栏杆。小女孩可能不小心掉进了鳄鱼池，结果被吃了，这也是警方搜遍各个地方都找不到小女孩的原因。

13. 虎口脱险

难度：★ 能力培养 逻辑推理

一天晚上，侦探社快要关门的时候，小贝侦探突然接到一个求助电话。打电话的人说自己叫阿登，他在电话里向小贝侦探讲述了自己刚刚遭遇的离奇经历。

“就在几分钟前，我目睹了一起枪杀案：遇害者倒在血泊里，身上的财物被抢走了，而手持枪械的歹徒看到了我，气势汹汹地朝我走来。歹徒很快走到我面前，两眼盯着我。我承受不住压力，为了保命跪倒在地，拼命向他磕头，并向他保证不会告诉别人，可以把钱都给他，求他放过我。歹徒问我有多少钱。我说身上没有钱，家里现金也不多，但我家里有古董，可以把古董卖了换钱，求他给我几天时间周转。歹徒看着我痛哭流涕的样子，沉默了很长时间，最后决定放我一马。为了不激怒他，我赶紧离开了。我走在回家的路上，庆幸自己逃离了危险，但我心里隐隐有些不安，我真的逃离危险了吗？我现在该怎么办？”

听完阿登的讲述，小贝侦探连忙警告阿登……

试问：小贝侦探对阿登说了什么？阿登真的逃离危险了吗？

【线索与推理】

关键线索

歹徒知道阿登有钱

阿登看到了歹徒行凶的过程，同时看到了歹徒的样子，为什么歹徒还会放他走呢？既然歹徒知道阿登家里有钱，放他走会不会另有目的呢？请你根据关键线索展开思考。

【真相大白】

听完阿登的讲述，小贝侦探连忙警告阿登：“你需要非常小心，不要回头，你现在很可能正在被跟踪，歹徒肯定是因为知道你家里有钱，故意放走你。不要引起歹徒的注意，想办法前往附近的警局，千万不要回家！”

歹徒行凶的过程和样貌都被阿登看见了，从逻辑上讲，歹徒不可能放过他。阿登在求饶的过程中暴露了自己的财富，歹徒很可能尾随其后，目的是去阿登家里抢劫。

14. 假象

一天清晨，小贝侦探接到警方的求助电话，说在贝克街的树林里发现了一具女尸。

现场的警官告诉小贝侦探，死者叫江玲玲，今年 35 岁，是一个单亲妈妈，自从 5 年前和丈夫离婚后，她就没有再婚，独自一人抚养儿子长大。

江玲玲是遭受到枪击致死的，子弹射入太阳穴，死亡时间在一个小时前。因为案发地点非常偏僻，警方没有找到任何目击者，死者的身旁有一块手帕。

此外，令他们困惑的是，根据树林入口处的监控显示，当天只有江玲玲一个人进入树林。而杀死江玲玲的枪是在距离其 5 米外的枯井中找到的，这支枪用橡皮筋绑在枯井内的钉子上。

此外，通过对江玲玲的调查，警方还发现一个疑点：江玲玲的家族有遗传病史，她的爷爷、爸爸、兄弟姐妹，都是因为突然患上一种怪病而死，而且没有人能活过 35 岁。听完警方的叙述，小贝侦探思考片刻，然后拨打了贝克街保险公司的电话。保险公司证实江玲玲在今年早些时候办理过巨额的人身保险，而受益人是她的儿子。

挂掉电话后，小贝侦探长叹了一声：“真是可怜天下父母心！这是一起自杀事件，可以结案了。”

试问：（1）江玲玲是自杀还是他杀？

（2）她为什么要自杀？

（3）她到底是怎样自杀的？

（4）她身旁的手帕有什么用？

【线索与推理】

看完关键线索你能想到什么？手枪＋橡皮筋，思考一下橡皮筋的特性，再结合案件中提到的线索，提炼出你能想到的所有证据，填入下面的证据墙。

证据墙

【真相大白】

将已经掌握的证据串起来，再加上相应的推理，就很容易发现答案。

第一个问题，江玲玲是自杀。根据树林入口处的监控显示，当天只有她一个人进入树林，因此可以排除她是被谋杀的可能性。

第二个问题，根据江玲玲的家族病史，可以判断他们家族的人患有一种遗传病，而且没有人能活过 35 岁，而江玲玲正是选择在 35 岁时自杀。再根据不久前购买巨额保险这条线索，可以判断这是一起骗保自杀案，目的是给自己的孩子留下一笔财产。

第三个问题比较难，手枪是在枯井中找到的，而死者距离枯井有 5 米远。江玲玲自杀之后手枪本该掉在地上，而现场只发现了一块手帕。这时就需要注意到橡皮筋这条关键线索。江玲玲正是利用橡皮筋把枪绑在枯井的钉子上，这样她就可以将手枪拉到 5 米之外自杀。之后，橡皮筋回弹，手枪就掉进了枯井。

第四个问题，实际上案情已经分析清楚了，这个问题完全是考查小侦探们对细节的思考能力。为什么死者身旁会有一块手帕？其实，那是江玲玲自己用来擦拭指纹的。她希望自己在现场的指纹不会被提取到。

不过，虽然从织物上提取指纹是非常困难的，但案件现场依然有很多的线索，最终会揭露案情的真相。

15. 赌徒的悲剧

难度：★★

能力培养：观察力 逻辑推理

这是一个寂静的夜晚，张三醉醺醺地离开了酒吧。

对于张三来说，今天是糟糕的一天，他好不容易借来的钱又输光了，而欠的高利贷也快到期了，一想到放贷人的狠辣手段，他不由得浑身发抖。他这条瘸腿，就是因为还不起高利贷被讨债人打断的。

“唉，太难了，什么时候能赢一回啊！”张三叹息道。

“卖水果的，给我来一篮苹果。”张三蛮横地拦住一个水果商贩。

看着手里的一篮苹果，张三露出一个苦涩的笑容。

张三摇着头，手里提着苹果，一瘸一拐地缓慢地朝着自己的出租屋走去。

也不知道走了多久，街道开始变得黑漆漆的，大地一片寂静，有种别样的恐怖之感。张三感到一阵害怕，不由得加快了行走的速度。

可能因为走得太急了，手里提着的苹果有一个掉了出来。

“这可是一天的口粮啊。”张三连忙伸手，想去捡回来，但这个苹果在这条斜斜的道路上慢慢往前滚动，越滚越远。

第二天清晨，有人路过这条街道时，发现了张三的尸体，他趴在地上，前额磕了一个大口子，地上流了一大摊血。在张三尸体的不远处有一个红色的大苹果。

“真是一个有意思的案子。”小贝侦探看着报纸上关于张三的报道若有所思。

试问：你知道张三是怎样死的吗？

【线索与推理】

关键线索是那个苹果，这就需要结合图片仔细分析，不仅需要敏锐的观察能力，还需要足够的逻辑推理能力。接下来，结合案发的时间、环境展开思考。下面的思维导图已经给出提示，请填上你的推理结论。

【真相大白】

这是一起意外事故。从题目和图片可知，事故发生的街道是一段下坡路，张三当晚喝了不少酒，而且腿脚不便，再加上天色漆黑，张三在追赶掉落的苹果时，脚下一个踉跄，不小心摔倒，磕在坚硬的地面上，最终因失血过多而亡。

16. 深夜抢劫案

难度：★★

能力培养 观察力 逻辑推理

一天夜里，贝克街发生了一起极其恶劣的抢劫案，一名女子被一名男子尾随，逼到墙角，索要钱财，这一幕恰巧被路人看见，马上报了警。

小贝侦探跟着警车火速赶到现场，但还是来晚了，抢劫犯已经带着钱财逃之夭夭。

根据女子的口供，这名抢劫犯在抢劫的过程中一直戴着口罩，因此，她也无法提供更多有价值的线索。

虽然如此，但经过几天的调查，小贝侦探还是抓到了 3 个嫌疑人。

小贝侦探并未对3个嫌疑人透露案情细节，便开始询问他们。对3个嫌疑人的询问如下：

小贝侦探盯着甲问道："你为什么一听到警笛就跑？"

甲回答："我怕出了什么大事，不想惹麻烦。"

小贝侦探盯着乙问道："你为什么放着好好的大路不走，专走没灯的小路？"

乙回答："我走了那么多年，习惯了。"

小贝侦探盯着丙问道："你认识受害者吗？"

丙回答："我不认识这个女人。"

试问：3个嫌疑人中哪个最有可能是抢劫犯？

【线索与推理】

关键线索
受害者性别

关键线索是受害者的性别，这是什么意思呢？想一想，小贝侦探有提到过受害者是女性吗？从嫌疑人的对话，再结合关键线索一起展开思考。

【真相大白】

抢劫犯是丙。小贝侦探的问题是："你认识受害者吗？"这个问题里没有提及受害者的性别。小贝侦探在案件调查中也没有透露受害者的性别。

如果丙没有参与抢劫，他怎么可能知道受害者是女性呢？所以，显而易见，他就是抢劫犯。

17. 不该发生的悲剧

难度：★★
能力培养
观察力 联想力 逻辑推理

小贝侦探有个朋友叫江龙，他是美籍华人，居住在洛杉矶，是当地小有名气的动作演员。同时，江龙也是一名枪械爱好者，有持枪证，平时也是枪不离身。

这天，江龙在片场拍摄一部警匪动作电影。一开始，江龙表演得非常顺利，但拍摄进入尾声的时候，突然发生了让人意想不到的意外——江龙不慎从高台跌落，导致双腿骨折。

事后，江龙被紧急送往医院治疗，由于伤势不重，医生允许他回家静养。回到熟悉的家，江龙由于受伤的缘故，没有将随身携带的枪收好，而是随手扔到了桌上。

当天晚上，一家人守着电视看完了江龙主演的一部警匪片。在这部电影里，江龙扮演一个叫马丁的铁血警探，电影中有许多枪战的画面，非常火爆，精彩纷呈，江龙 3 岁的儿子看得入了迷，不停地模仿爸爸开枪的动作。

看完电影，儿子回到房间睡觉，妻子为了不打扰丈夫休息，独自一人去了客房，江龙则在主卧休息。可是，令人意想到的是，第二天江太太起来却发现丈夫在卧室中被人谋杀，死因是头部中弹。

更让人感到奇怪的是，警方经过调查，没有发现任何可疑的迹象，没有外人闯入，屋内没有搏斗的痕迹，死者也不是自杀。江太太和死者感情也非常融洽，没有犯罪动机。

试问：杀害江龙的凶手究竟是谁？

【线索与推理】

根据关键线索分析，一把手枪，一个孩子，再结合本案的标题，你能想到什么呢？

没有外人闯入，屋内没有搏斗的痕迹，死者头部中枪，不是自杀，而妻子与丈夫关系融洽，没有犯罪动机，这是怎么回事呢？小贝侦探也陷入了困境，一时间没有任何思路。没有办法，他只能将所有线索都列出来，逐一排除。

先分析每一个人物，将案件中所有与其相关的线索都列出来。

【真相大白】

由警方的调查报告可以判断，没有外人闯入，没有搏斗的痕迹，死者头部中枪，不是自杀。也就是说，犯罪嫌疑人只可能是妻子或者是 3 岁的孩子。经过进一步调查，警方发现江太太和死者感情非常融洽，没有理由杀害江龙，那么唯一的嫌疑人就是死者的儿子。

这怎么可能？

其实，从众多线索中不难发现，儿子在看电影的时候就非常入迷，不停地模仿爸爸开枪的动作。江龙的手枪没有收好，扔在了桌上。

由这两点可以推断，儿子半夜起来看到手枪，于是学着电影里的样子开枪，误杀了爸爸，由于手枪带有消音器，所以没有发出声响，孩子甚至不知道自己误杀了爸爸。

18. 金表窃贼

难度：★★

能力培养：观察力　逻辑推理

谷富贵是贝克街远近闻名的富豪，这天，他刚从巴厘岛度假回家，就发现家中失窃了。

谷富贵告诉小贝侦探，窃贼从他的家中盗走了一块价值 30 万元的金表，金表原本放在书柜的第三层抽屉里，但是很奇怪，书柜的上面两层抽屉是关着的，最后一层也是关着的，窃贼只打开第三层抽屉，偷走了里面的金表。

小贝侦探经过一番调查后，锁定了 3 个可疑的嫌疑人：

（1）王飞：惯偷，曾跟踪谷富贵，有时会在谷富贵家附近散步，知道谷富贵近期在巴厘岛度假。

（2）钱小贵：谷富贵的发小，自从谷富贵发了财，买了名表、名车后，他就多次找谷富贵借钱，遭到谷富贵的拒绝，两人还为此发生过口角。

（3）丁翠花：谷富贵的老婆，因为她弟弟最近要结婚，缺几十万元的彩礼钱，于是找谷富贵商量，但是遭到谷富贵的拒绝，并讽刺她是“扶弟魔”。两人因为这件事，闹得非常不愉快。

试问：偷走手表的窃贼是谁呢？

【线索与推理】

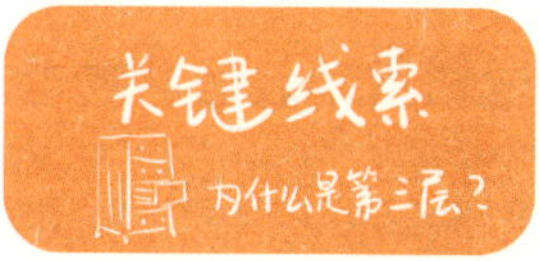

通过关键线索可知，窃贼只打开了第三层抽屉，偷走了里面的金表，这说明什么问题呢？按理说窃贼应该乱翻一通才对啊！

请把你的推论填在下面的思维导图中。

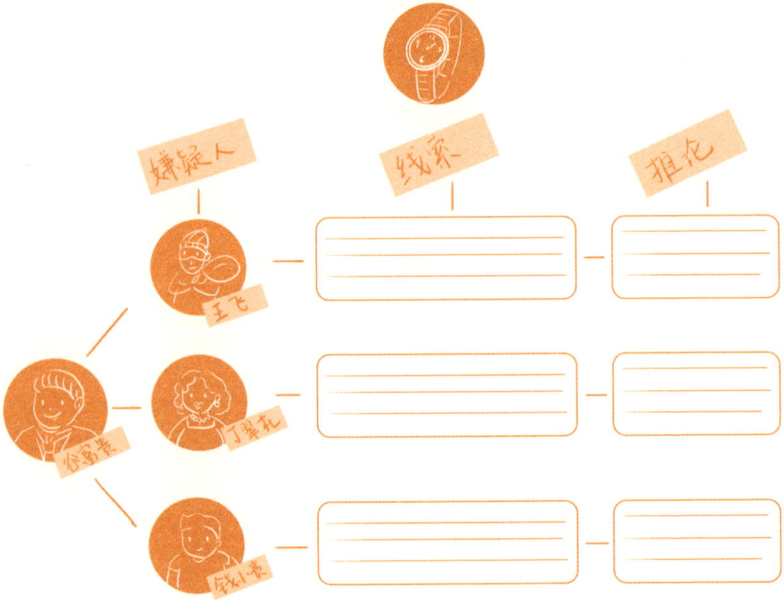

【真相大白】

窃贼只打开了放手表的抽屉，却没有打开其他抽屉，这意味着窃贼在偷窃之前就知道手表放在哪里。所以，最大的一种可能，就是窃贼是谷富贵的老婆丁翠花。

19. 危情营救

侦探事务所的电话铃急促地响了起来，小贝侦探拿起听筒，里面传来沙哑的声音。

“小贝侦探，久仰大名，阁下肯定很奇怪吧，为什么今天你的小助理双双没有按时来上班？”

小贝侦探心里一惊，一丝不祥的预感涌上心头，质问道：“你是谁？”

“哈哈，我是谁一点都不重要，你可以叫我炸弹魔！双双在我这里。由于久仰大名，我特地来和你玩一个游戏。你赢了，就能救回双双；你输了，就只能带回她的尸体了。”

不等小贝说话，炸弹魔就开始介绍游戏规则：“你可爱的小助理被关押在市中心 B、C、D、P 其中一栋建筑的天台上，身上绑着定时炸弹，如果你没有在一个小时内找到关押地点，炸弹就会爆炸。你只能靠自己分析，不能报警，否则我会引爆炸弹。”

小贝侦探画出了四栋建筑的示意图。

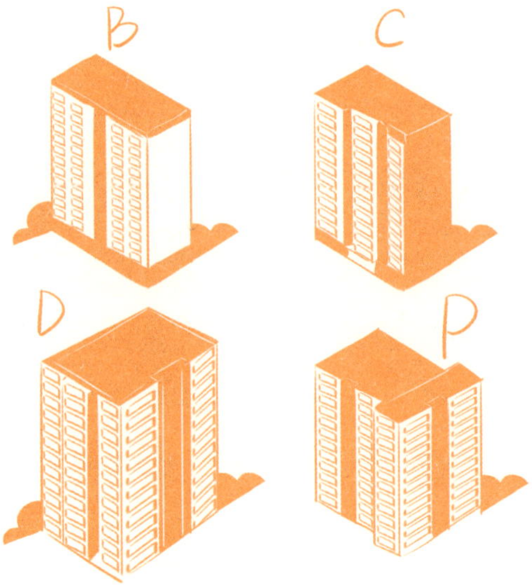

时间在一分一秒地流逝，小贝侦探依然没有任何头绪。此时，一个快递员送来了一个包裹，他打开后，发现里面放着一个苹果和一张卡片，上面写着：“苹果是关键线索，你能找到谜底吗？”署名是炸弹魔。

“这就是谜面吗？”小贝侦探若有所思。

几分钟后，小贝侦探冲出侦探社，并在其中一栋建筑的天台上，成功解救了双双侦探。

试问：炸弹魔到底把双双侦探关押在哪一栋建筑的天台上？

【线索与推理】

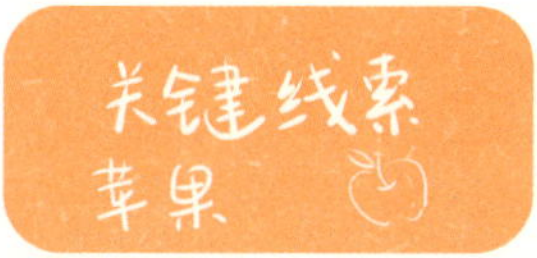

这道题的受害人变成了小贝侦探的助理双双。时间紧迫，小贝侦探必须争分夺秒地解救自己的朋友。通过对案件的分析，小贝侦探将线索逐一列出来。

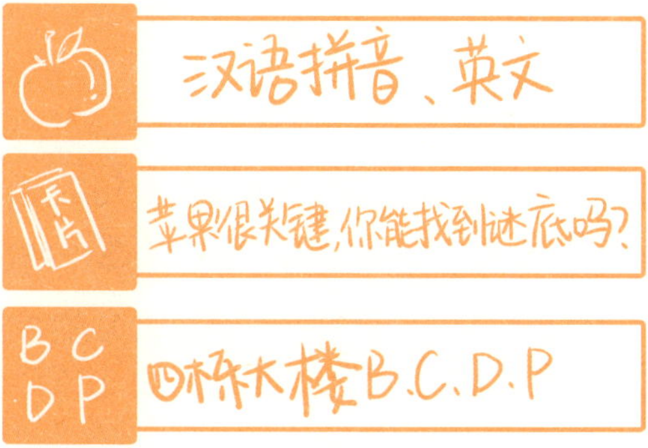

根据以上线索提示，你能想到什么？再想想关键线索，把你的推论写下来。

【真相大白】

双双被关押在 P 楼。

本案最大的线索就是炸弹魔寄来的苹果和卡片。

苹果，英文是 apple，没有找到关联性，而汉语拼音是“pingguo”，首字母是 P，这就暗示了双双被关押的建筑位置。

中篇

双双侦探显身手

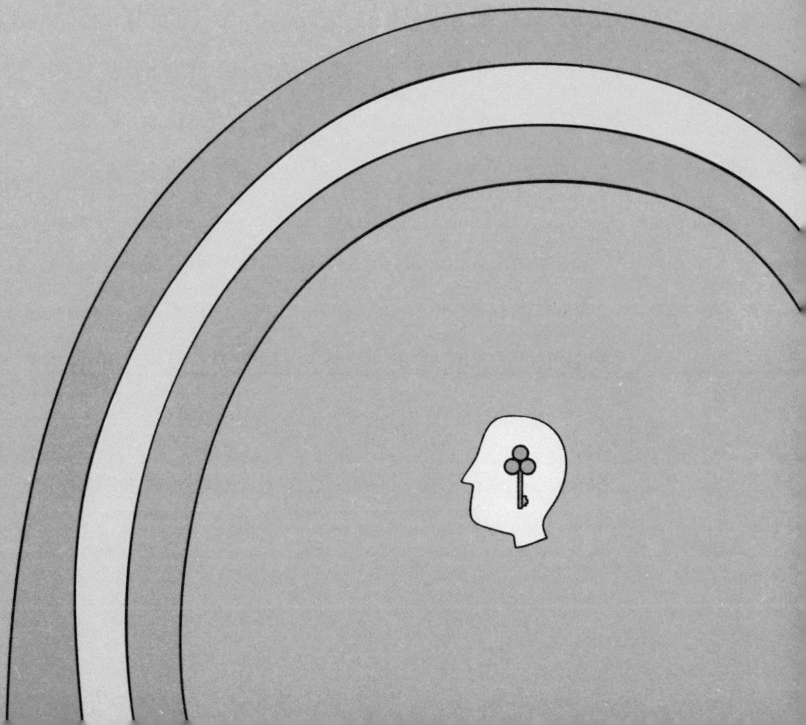

1. 工整的求救信

难度：★

能力培养：观察力 逻辑推理

这是一个阳光明媚的午后，一个小时前，双双侦探在贝克街咖啡厅和新朋友见面，然后和对方尴聊了一个多小时，整个交谈过程，可以用鸡同鸭讲、如坐针毡来形容。

最后，双双侦探实在受不了了，于是找了一个借口跑到洗手间躲了起来。

“现在过了多久？”

双双侦探突然有些迟疑，是继续在洗手间躲着，然后找机会溜走，还是出去礼貌地和对方道别。

权衡一番后，双双侦探出于礼貌决定选择后者。

离开洗手间，重新回到咖啡厅，双双侦探往包厢扫了一眼，却发现朋友不见了。

“这是怎么回事？”

双双侦探连忙回到包厢，却发现座位上一片狼藉，咖啡被打翻在地，椅子也被扔到一边，种种迹象表明包厢里刚才似乎发生了一场剧烈的打斗。

在地上，双双侦探找到了一张字迹工整的求救信，上面写着：“双双侦探，救我，我被人绑架了。”

“真是的，见朋友也会遇到这种事。”双双侦探仔细看着求救信，然后思考了一会儿，突然笑道：“这朋友真的很无聊。这根本不是绑架，就凭这智商还想要我？”

试问：双双侦探是如何确定没有发生绑架事件的呢？

【线索与推理】

仔细分析关键线索，试想，人在慌乱的状态中写的字会是什么样的呢？

【真相大白】

双双侦探发现，现场一片狼藉，而这封求救信上的字迹却非常工整。试想，如果你在激烈的打斗中趁机写一封求救信，能不能把字写得很工整？

不可能，因为你根本没时间，而且在慌乱的状态下不可能写出工整的字。仅凭这一点，双双就识破了这位朋友无聊的骗局。

2. 包甜的西瓜

侦探社门外有个西瓜商贩在扯着喉咙大声吆喝：“卖西瓜喽，很甜的西瓜，不甜不要钱的西瓜……”

在炎炎夏日，没有什么比吃上一口西瓜更令人愉悦的事了，听到商贩的吆喝，双双侦探三步并作两步来到商贩的小摊前。

“老板，西瓜怎么卖？”双双侦探问道。

“两块钱一斤。”商贩伸出两根手指回答道。

“真的不甜不要钱吗？”双双侦探挑了一个大西瓜拍了拍。

“那必须的，你可以试吃，不甜你就直接抱走。”老板拍着胸脯保证。

“那就这个吧。”双双侦探将手里的西瓜交给老板。

老板闻言立即抱起那个西瓜，放在台子上，接着拿起西瓜刀，用湿淋淋的布条擦了擦刀，然后手起刀落，把西瓜对半切开，再从中切了一小块，递给双双侦探。

双双侦探接过来吃了，果然很甜。

看来这是个良心商家，双双侦探连忙交了钱，把西瓜买回去了。

回到侦探社后，双双侦探叫来小贝侦探一起吃西瓜。

小贝刚吃了一口，就皱起眉头：“这西瓜一点也不甜啊。”

试问：你知道这是怎么回事吗？

【线索与推理】

关键线索是“糖浆”，你能想到什么呢？仔细观察图片，商贩用湿淋淋的布条擦了擦西瓜刀，你有思路了吗？

由于这道题并不复杂，我们就用圆圈图整理一下思路，将你能想到的思路都写在空白的地方。

【真相大白】

双双侦探通过回忆，联想到商贩在切西瓜时，曾经用布条慢慢擦了一下西瓜刀。

因此，双双侦探推断，布条可能浸泡过糖浆，老板用布条擦西瓜刀时，这些糖浆就会附在西瓜刀上，而切西瓜时，刀上的糖浆又沾到西瓜的切面上，所以，当场试吃切出的一小块的时候就会感觉西瓜非常甜。

3. 预知未来

难度：★

能力培养

逻辑推理

双双侦探的邻居李大海最近又中奖了，这是他本月第五次中奖。

“这运气也太好了吧！”双双侦探既羡慕又嫉妒。

一次，双双侦探偶遇这个邻居，忍不住问道：“大海哥，你抽奖的时候是有什么诀窍吗？你这个月的中奖次数也太多了吧？”

李大海神秘一笑：“其实……我能够预知未来。”

“啊，你是在说笑吧！”

于是，李大海告诉双双侦探两个月前他突然获得了预知未来的超能力，最远能够看到未来一年左右发生的事，中奖的彩票都是他根据预测的结果买的。

对此，双双侦探嗤之以鼻："这种科幻电影里的情节怎么能发生！你不想说就算了！"

李大海不置可否地笑了笑："那你就当是听个笑话吧……对了，今晚有新电影公映，怎么样，要不要去看看？我请客！"

双双知道，李大海是一名资深影迷，不会错过任何一部在影院公映的大片。这次他要请客看电影，自己当然要去，于是高兴地回答道："可以啊，那我们晚上见！"

于是晚上双双侦探和李大海一起去看了电影。电影拍得紧

张又刺激，让双双侦探和李大海都大呼过瘾。

李大海在观影的过程中非常激动，看完之后连连拍手叫好，还说道："这是我第一次看到这么精彩的电影！"

这句话刚说完，双双就想起之前和李大海的谈话，于是忍不住笑了出来。

试问：

（1）李大海的超能力究竟是真是假？

（2）从哪个细节可以看出来李大海说的是假话？

【线索与推理】

关键线索
常识

既然关键线索提到了常识，我们就应该能得出第一个问题的答案了。至于第二个问题，这个细节是李大海说的一句话，你知道是哪句话吗？

【真相大白】

（1）超能力自然是假的。

（2）根据李大海的说法：他的超能力使他能看到未来一年左右发生的事，如果他的超能力是真的，作为一名资深影迷，他自然已经看过这部电影了，又怎么会在看电影的时候，表现得如此投入，大呼过瘾？暴露他在说谎的一句话是——“这是我第一次看到这么精彩的电影！”

4.“啊，是谁干的？”

难度：★

能力培养

观察力 逻辑推理

双双侦探有一点洁癖，很讨厌别人乱翻她的房间。

一天早上 8 点，双双侦探离家去调查一起案件，出门前她嘱咐上小学五年级的弟弟，不许去她的房间。

“弟弟的个子，长得可真快啊！都超过我了，快 1 米 7 了吧。”双双侦探感慨着走出了家门。

刚离开家没多久，双双侦探便在楼道中遇到姐姐带着刚满 3 岁的小外甥来家里做客。因为案子紧急，双双侦探和姐姐打了个招呼，就急匆匆地离开了。

不过双双侦探心中很忐忑，她这个小外甥和她弟弟一样，好奇心旺盛。“我的房间……”双双侦探的心里打起鼓来。

忙了一天，晚上回到家，双双侦探果然看到了她不想看到的场景：毛绒玩具横七竖八地躺在床上，书架上的书都被丢在了地上，要知道，平时双双侦探自己也要站在椅子上才能够到这些书。

双双侦探顿时陷入了深深的绝望中。

试问：猜猜是谁翻乱了双双侦探的房间？

【线索与推理】

关键线索
很高的书柜

这道题有一定的迷惑性，关键线索是很高的书柜，如果结合图片进行分析，不容易想到答案，需要一定的逻辑推理能力。

先列出 3 名嫌疑人。

（1）双双侦探的弟弟

（2）双双侦探的外甥

（3）双双侦探的姐姐

接下来结合 3 名嫌疑人的形象卡片，将你的推论写在空白处。

【真相大白】

是双双侦探的弟弟翻乱了她的房间。

从题目可知，双双侦探的弟弟身高接近 1 米 7，所以可以轻松地够到书架上的书；另一名嫌疑人，也就是双双侦探的外甥，因为他才 3 岁，即使站在椅子上，也够不到书架上的书，所以不会是他；至于双双侦探的姐姐，她已经是成年人，不会乱翻别人的房间。

5. 绝世“宝刀”

难度：★

能力培养

常识 逻辑推理

一天，双双侦探在古玩城闲逛，见到一个卖刀的小贩，刀架上摆着各种各样的武器，有长刀、短刀，还有匕首和剑。

其中一把状如蛇形且布满花纹的古刀引起了双双侦探的注意。

“老板，这把刀怎么卖啊？”

“不贵，一两万元吧。”

“卖这么贵，你怎么不去抢银行啊！”

“你这个小姑娘说话可真难听，我卖这么贵是有道理的。这是我一个好朋友的遗作。他是一位铸剑大师，可惜天妒英才，去世得早。这把刀是铝合金打造的，锋利无比，而且在蛇毒中淬过火，人就算只是被轻轻划到也会中毒身亡。我之所以卖它，是为了找到真正识货的爱刀之人，不至于让它被埋没。”

“算了吧，简直是瞎扯，这就是假货，送给我我都不要。”

试问：为什么双双侦探说这把刀是假货？

【线索与推理】

关键线索
常识

根据提示，这同样是一道常识题，你需要思考两件事，如下图所示。

请把你的答案写出来：

____

____

【真相大白】

铝合金韧性不够，很容易豁口卷边，因此不适合用来制作刀具。而蛇毒经过高温淬火后，毒性会减弱，甚至会完全失去其毒性。因此，双双侦探可以肯定小贩是在信口开河，胡说八道，卖的是假货。

6. 暗黑老奶奶

难度：★

能力培养：常识 逻辑推理 观察力

“喂？是双双侦探吗？我看到了一具尸体……”

“什么？您看清楚了吗？确定是一具尸体？”

“是的，你们快点来人吧。”

这天晚上，双双侦探接到了一个奇怪的案子。报案者是一个老奶奶，她告诉双双侦探自己走路回家，在快到家门口的时候，由于要经过一条黑暗的小巷子，她突然看到了一具尸体，于是立刻打来电话。

接到报案后，双双侦探赶到老人的所在地，在手电筒的照射下，双双侦探果然在巷子里发现了一具老人的尸体，离老太

太的家只有不到 10 米，死者是她的邻居。根据法医的检验，老人是被毒死的。

“既然你们已经来了，我就回家了……”老奶奶有些慌张，可能是惊吓所致。

“等等。”双双侦探突然意识到了什么。

“奶奶，您的视力怎么样啊？”

“我老了，视力不行了，老花眼很严重。”

双双侦探突然说道：“奶奶，这个老人的死和你有关吧！”

试问：

（1）双双侦探是怎样判断的？

（2）老人是老奶奶杀害的吗？

【线索与推理】

关键线索
眼镜

关键线索是一副眼镜，这能说明什么问题呢？由于现场的嫌疑人只有老奶奶一人，我们可以从她的自述进行分析。

（1）老奶奶上了年纪，老花眼很严重，看不清楚事物。

（2）老奶奶说自己看到了一具尸体。

请根据上述分析展开思考，将你的推论写在下面。

【真相大白】

第一个问题的答案是，双双侦探在询问的过程中，发现老奶奶的视力不好，老花眼很严重，而案发时是晚上，小巷子里没有灯，在这种黑灯瞎火的情况下，老奶奶是如何确定自己看到的是一具尸体呢？而且双双侦探强调过，老奶奶确认自己看到了一具尸体。在正常情况下即使是尸体，她应该也看不清。

第二个问题，不一定是老奶奶杀的人，但她很可能是帮凶，或者知道真相。

7. 狡猾的贩毒集团

难度：★★

能力培养：观察力 联想力 逻辑推理

双双侦探最近在独自调查一起国际贩毒案件，这是她迄今为止面临的最大的挑战，因为罪犯都是来自金三角的毒枭，这些人穷凶极恶，犯罪手段非常狠辣，而且极其狡猾。双双侦探好不容易拍下了他们犯罪的照片，知道了罪犯的相貌、交易地点等详细信息。

为了将信息快速传给国际刑警，一拍摄到照片，双双侦探立刻就拷贝到 U 盘里，同时一路狂奔回侦探社。

刚进侦探社，双双侦探就发现侦探社离门口最远的窗户被人打开了。平时这扇窗户是从来不开的，但双双没有多想。为了谨慎起见，她决定去关上窗户，于是将随身携带的装有 U 盘的背包放在了办公桌上。

关好窗户后，重新回到办公桌，双双侦探打开背包，拿出 U 盘，仔细浏览了一遍照片，然后传给了国际刑警，发送完毕之后，双双侦探紧绷的神经总算放松了下来。

“这次，凭借这些照片，肯定能摧毁那些贩毒组织了吧。”双双侦探在心里这样想。

几个小时后，双双侦探接到了国际刑警打来的电话，对方告诉她：“抓捕行动失败了，毒贩好像事先收到了消息，等警方到达时，他们早已逃离了现场。”

“这到底是怎么回事？”放下电话后，双双陷入了沉思。

试问：毒贩是如何得到信息的？

【线索与推理】

关键线索

偷拍的人

这道题有些复杂，关键线索是偷拍的人，你能想到什么？

____

____

____

再结合内文，整理出一条新的线索：

双双将背包放在办公桌上，然后去关窗户，其间存在一段空档。

接下来，将你的推理写在下面的思维导图中。

【真相大白】

第一个问题，毒贩能截获信息，的确是双双侦探的疏忽。她回到侦探社后，做的第一件事是放下背包去关窗户，这里有一个细节藏在示意图中。门开了，门外有一个拿着照相机的黑影，而双双关好窗户之后没有注意到门开了。

实际上，贩毒集团的人早就在监视她了，犯罪分子已经安排人提前搜查了侦探社，没有发现有价值的线索，于是故意将最远的窗户打开，这样在双双去关窗户的时候，犯罪分子利用这个空档，悄悄打开了门，从而方便偷拍。

之后当双双浏览电脑时，毒贩就偷偷将这些照片、信息全部拍下来，也就知道警方掌握了哪些信息，所以就有时间布置了，结果警方过去扑了个空。

8. 牛皮大王

双双侦探有一个朋友晓东，外号叫牛皮大王。之所以得此“雅称”，主要是因为这个人非常喜欢吹牛，久而久之，大家就叫他牛皮大王了。

这天，牛皮大王又找到双双侦探，聊起了他的过往。他一脸认真地和双双侦探说起一些有趣的经历，他说自己在喜马拉雅山顶上喝过啤酒，然后拿出一张照片，照片里是他站在山顶打开啤酒的瞬间。

双双侦探看完照片后，就对他说：“好了好了，你走吧，别跟我吹牛了！”

试问：吹牛大王这次露出了什么破绽？（结合内容并观察上方图片进行分析）

【线索与推理】

关键线索
一脸轻松？

这是一道考验常识能力的题目，根据关键线索，你只需要了解相关常识，就可以轻松地发现牛皮大王又在自我吹嘘了。

观察上面的图片，左边的人站在山顶喘不上气，右边的人站在山顶轻松自在地喝啤酒。

看完这张图你能想到什么？

____

____

【真相大白】

站在喜马拉雅山的山顶，这么高的地方，一般人都会有高原反应，而不是一脸轻松自在的样子。从这一点就可以判断，照片里的吹牛大王，很可能不是站在喜马拉雅山的山顶，也许就是站在某个小山坡上吧。

另外，喜马拉雅山绝大部分地区温度非常低，图中的人穿着却比较单薄，显然不是攀登高峰时专用的登山服，从这一点也可以判断他在说谎。

9. 致命聚会

放暑假了，恰好也到了同学聚会的时候，双双侦探早早地来到饭店。参加同学聚会的总共有 5 个人，除了双双之外，还有李丽、王荷、江宁、白果，她们都是小学同班同学。

其余 4 个人中，李丽是班长，平时学习成绩很好，她和王荷是同桌，两个人关系很好，和双双则是前后桌。王荷成绩不好，但胃口很好，别人吃一碗饭，她起码吃两碗，久而久之，她就有了“大嘴”的外号。

江宁和白果是同桌，他们平时和王荷的关系也不错。反正上小学的时候，这 4 个人经常在一起玩。

最近听说王荷像是变了一个人，虽然还是那么能吃，但学习成绩却越来越好了，已超越了李丽，而且被评为市级三好学生，成为当地家喻户晓的“别人家的孩子”。据说李丽为此非常生气，从此不再和王荷说话。这次聚会也是想要缓和一下关系，大家重新聚一聚。

双双侦探和她们也有很多年没见面了，此次聚餐，大家都在夸奖王荷，简直是丑小鸭变成了白天鹅。中途，李丽突然离开包厢，片刻后，她端着一个蛋糕走进来，同时唱着生日祝福歌。

原来，这天是王荷的生日。

“你还记得我的生日啊，我就知道你是我的好朋友！”王荷激动地哭了。

许愿后，自然是吃蛋糕了，李丽拿起刀，将蛋糕切成了5块。作为寿星，王荷自然是第一个拿蛋糕。随后，其他人各自选了1块蛋糕，吃了起来。

没过多久，王荷突然口吐白沫，跌倒在地。她中毒了。

“真是奇怪。大家明明是随机挑选的蛋糕，为什么只有王荷中毒了呢？”双双侦探皱起了眉头。

片刻后，双双侦探逮住李丽，并质问道：“都是曾经的老同学，你为什么要给王荷下毒呢？”

试问：为什么双双侦探认定是李丽下的毒，依据是什么？

【线索与推理】

关键线索
大嘴

“大嘴”？这不是王荷的外号吗？也就是说，王荷，爱吃胃口大。那么，胃口大的人过生日会选择吃大块的蛋糕还是小块的蛋糕呢？

包括双双侦探在内，其他 4 个人都有嫌疑，根据案件进行推理，把你的依据写下来。

【真相大白】

双双侦探回想起王荷的外号是“大嘴”，这意味着王荷会选最大的那块蛋糕。李丽就是非常了解王荷，所以利用了王荷这个爱吃的习惯，端来一个蛋糕，并切成5块（其中1块较大），达到给王荷下毒的目的。

至于李丽为什么要给王荷下毒，那是因她的嫉妒心理在作怪。两个人之前关系很好，但是之后王荷这个原本傻乎乎的姑娘突然变成了优等生，还超越了李丽，被评为市级三好学生，这让原本优秀的李丽非常嫉妒。平时不见面还好，这次聚会，大家都在夸她，这让从小到大都是焦点人物的李丽恼羞成怒，决定下此毒手。

当然，被嫉妒冲昏了头脑，并做了错误行为的李丽，最后也将会受到法律的惩处。

10. 纽扣

难度：★★ 能力培养 常识、逻辑推理

贝克街百货大厦重建后，生意又恢复了以往的兴隆。这也让一些宵小之徒动起了坏心思，这天夜里，有窃贼闯入百货大厦行窃，当他要带着偷来的财物离开的时候，百货大厦的保安拉响了警铃。

窃贼听到警铃后，惊慌失措地躲进了一间女士服装店。

见此情景，保安马上封锁了该服装店，很快就将店铺内的所有顾客都带到保安室进行辨认和询问。这时候，保安却犯难了，原来保安目睹逃跑的窃贼是男性，但是从店铺里带走的3名“顾客”都是长发飘飘的女性。难道是窃贼通过其他方法逃跑了吗？

就在保安琢磨不定的时候，双双侦探闻讯赶来。她刚好在百货大厦逛街，听到警铃响起就立刻过来了。双双侦探让 3 名“女顾客”站成一排，她踱着步观察她们，随即识破了窃贼的伪装，认出了其中 2 名是窃贼，然后告知警方将他们带走了。

试问：双双侦探是怎样识破窃贼的伪装的？

【线索与推理】

关键线索

衬衫纽扣

其他线索提示：

（1）窃贼进店后取下了店内销售的假发戴上，伪装成了女顾客，但窃贼却没有更换衣服；

（2）从图片中寻找线索。

根据关键线索的提示，你知道男性与女性衬衣的扣子有什么不同之处吗？再结合其他线索的提示，将你的推论写下来。

【真相大白】

双双侦探是从衬衫扣子的方向识别出窃贼的。

原来，男性和女性衬衫扣子的方向是不一样的，一般女性衬衫的扣子在左边，男性衬衫的扣子在右边。这是因为在 17 世纪扣子最初问世的时候，女性衬衫是由仆人帮着穿的，所以女性衬衫上的扣子钉在左边，方便仆人为女主人服务。而男性衬衫的扣子在右边，这是因为大多数人都是右撇子，所以扣子在右边方便扣上衣服。这个设计习惯一直延续到了现在。

从图中可以看到，虽然两位窃贼戴上了假发，但是他们衬衫的扣子方向在右边，就是这个小细节出卖了他们。

11. 躲在柜子里的变态

难度：★

能力培养

联想力

双双侦探的朋友小雅是个十分漂亮的女孩子，她从小和哥哥相依为命。小雅目前在读初三，因为长得漂亮，所以有很多追求者，其中最狂热的一个追求者叫小飞，这个人经常偷偷尾随小雅。

对于小飞的死缠烂打，小雅不胜其烦，不过好在有一个学长帮忙，他叫白客，把烦人的小飞揍了一顿。白客爱好摄影，喜欢带着照相机到处拍。

小飞被白客赶跑以后，小雅的生活总算相对的回归正常了，但小雅依然感觉到，似乎还是有人在时不时地窥视她。

之后的一天，小雅的哥哥因为工作出差了，家里只剩下小雅一个人。当天夜晚，小雅突然听见柜子里发出叮叮当当的奇怪响声。

由于害怕，小雅连忙打电话给哥哥，哥哥知道后，让她先找个人陪伴，不要害怕。于是小雅去了学长白客家，试图找他帮忙，但是发现学长不在家。不过，小雅意外地发现，在白客家门口的砖缝中，有不少偷拍她的照片。

小雅看了看后，连忙丢下照片，惶恐地回到家，但她突然想到了什么，连忙拿着扫把缓缓地靠近衣柜，此时衣柜露出了一条缝隙，里面有一双眼睛在看着她，她顿时惊恐地大喊出来。

试问：躲在衣柜里的变态会是谁呢？

【线索与推理】

本案的关键线索是照相机，再结合上面的图示，你能想到什么呢？

结合本案的人物关系图，写出自己的推论。

【真相大白】

躲在衣柜里的变态原来是学长白客。

首先，哥哥在外地出差，可以排除恶作剧的可能性；其次，有嫌疑的是小飞，但是他被白客揍了一顿之后，再也不敢纠缠小雅了。最后，剩下的嫌疑人只有学长白客了，结合小雅去找学长却发现他不在家，以及小雅在白客家门口的砖墙中发现的偷拍照片，一切线索均指向白客。原来，白客学长也是一个变态追求者。

12. 蹊跷的火灾

这天晚上，贝克街有一栋房子着火了。一名女子跌跌撞撞地从房子里逃出来，一边喘着粗气，一边拨打火警电话。不一会儿，消防员赶到现场将大火扑灭，但是女子的丈夫已经在房子里不幸身亡了。

双双侦探前往现场进行调查，并向女子询问起火原因。女子伤心地说道："我丈夫常常喝得醉醺醺地回家，每次我劝他少喝一点他都不听。今天他又喝醉了，还嚷着要吃夜宵。我给他煮上粥后准备去洗个澡，于是叮嘱他 20 分钟后关火。谁知道，我洗完澡出来的时候，竟然看到厨房里着火了，而我的丈夫正倒在灶台旁昏睡。我又是摇又是喊但都弄不醒他，就赶紧跑出去找人帮忙。但我刚一离开房子，火势突然变得异常猛烈，我丈夫就被烧死在里面了……”

“你怎么能让一个喝醉的人看火呢？”双双侦探严肃地对女子说，“这虽然是一起意外事件，但你也要负很大的责任。”

女子听到双双侦探的批评后紧皱眉头，欲言又止，非常委屈，下意识地摸了摸自己的胳膊。女子的手臂上能看出有一些淤青。

说罢，双双侦探蹲下身，仔细查看了死者的口、鼻、咽喉等部位，发现口腔、鼻腔及咽喉都没有烟灰。双双侦探顿时皱

起了眉头："太太，你为什么要说谎呢？你的丈夫在起火之前就已经死了，你就是凶手吧。"

试问：

（1）双双侦探是怎样判断出这个女子在说谎的？

（2）为什么说这个女子是凶手？

【线索与推理】

根据关键线索，思考一下，人在火场中会吸入什么呢？但双双侦探发现死者的口腔、鼻腔及咽喉都没有烟灰，这是怎么回事呢？

推论____

推论____

【真相大白】

第一个问题，双双侦探之所以认定女子在说谎，是因为在火场中，如果受害者当时还活着，会吸入大量有害气体，现场燃烧产生的烟灰和粉末会沉积在口、鼻、咽喉、气管等部位。从这一点可以判断出，受害者在起火时已经没有了呼吸，因此，可以证明女子在说谎。

第二个问题，之所以认定女子是凶手，是因为该女子听完双双侦探的批评，表现出的异常举动。正常人的反应，丈夫死了，妻子一定是很伤心的，但这个女子紧皱眉头，表现得非常委屈、欲言又止的样子，让人感觉很奇怪。而手臂上的淤青，让人联想到这可能是一起由家暴导致的谋杀案。妻子常年忍受丈夫的家暴，有可能丈夫每次喝酒之后都会打她。这次她最终无法忍受，将丈夫杀害，并伪装成意外事件。

13. 密室谋杀案

难度：★

能力培养：联想力

忙碌了一整天，身心俱疲，回到酒店后，双双侦探洗完澡就早早地睡了。也不知道睡了多久，在半梦半醒之间，双双侦探突然听到房间外面的走廊上有激烈的争吵声，之后又传来一阵凌乱、急促的脚步声，紧接着是关门声，最终声音归于平静。

“是有人喝醉了在闹事吧！”双双侦探没有多想，翻了个身又睡了。

第二天，双双侦探被走廊上嘈杂的声响所惊醒。通过简单的了解，双双侦探知道了事情的详情。原来，一大早钟点工按时来给 403 房间的住户打扫卫生，却发现怎么敲门和打电话都没有人回应，于是报了警。

警方开门后，发现房间的主人江丽被人谋杀，她的胸口插着一把尖刀，鲜血几乎染红了整张床单。

对于江丽的死亡，警方感到非常困惑，因为经过调查，他们发现江丽房间的门窗都是从里面反锁的，而唯一的钥匙放在房间内的抽屉里。换句话说，案发现场是一个密室。

凶手难道会穿墙而过杀了江丽？

听完警方的叙述，双双侦探查看了江丽的尸体，又回想起昨晚走廊上发生的事情。最终，她破解了这个密室的谜团。

试问：真相到底是什么呢？

【线索与推理】

关键线索
受伤逃走

根据关键线索的提示，思考一下，人在受到伤害的时候会作出什么反应？我们再列出一些潜在的线索：

（1）双双侦探听到的走廊声响；

（2）江丽是失血过多而亡的；

（3）没有其他人闯入。

根据以上线索，将自己的推论写在下面。

【真相大白】

双双侦探回想起昨晚听到的声响，再结合死者的死因，最终推断出：江丽一开始是在走廊上和凶手发生争执，之后，凶手在盛怒之下持刀刺伤了她。她当时并没有死亡，伤口也尚未马上明显流血，为了躲避凶手，她捂着伤口逃回自己的房间，又因为害怕凶手闯入，继续行凶，于是自己反锁了门窗，但很快她就因为失血过多死在了床上，甚至还没来得及报警。

14. 桑塔越狱了

难度：★

能力培养：观察力 逻辑推理

双双侦探从贝克街监狱得知，臭名昭著的恐怖分子桑塔越狱逃跑了。

桑塔是一个受过军事训练的恐怖分子，警方好不容易才将其逮捕，没想到这才半年时间，他就越狱了。

得知这个消息后，双双侦探心里非常焦急，她不能放任这种危险的恐怖分子逍遥法外，一定要在桑塔犯案之前尽快将其捉拿归案。然而，面对穷凶极恶的逃犯，更有经验的小贝侦探此时正在国外执行任务，双双侦探只能独自面对这个危险的家伙了。

双双侦探对桑塔最喜欢去的娱乐场所进行了严密的监视，开始三天桑塔一直没有露面，但在第四天，双双侦探发现了他的行踪。

但就在双双侦探准备抓捕他时，桑塔发现了双双，他掏出随身携带的枪支进行射击，同时迅速跑进公路旁的森林中。双双侦探紧随其后，也跑进了森林中。

进入森林后，双双侦探躲藏在一处草丛中，她静心观察着森林中的一切。

西边的一片草丛中，有几只野兔敏捷地跳了出来，然后快速地消失在密林之中；

南边的草地上有一条绿色的眼镜蛇在爬行；

北边的山坡上有沙沙的响动声，野草在随风摆动；

东边的枯树下，有几只鸟儿在叽叽喳喳地寻找食物。

“找到你了。”双双侦探在心里默念了一声，同时眼睛盯住了一个地方。

试问：

（1）双双侦探眼睛盯住的是哪个方向？

（2）为什么？

【线索与推理】

关键线索
受惊

根据关键线索，思考一下，小动物遇到生人惊扰会作出什么反应呢？

【真相大白】

双双侦探盯住的是西边的草丛，野兔之所以跳出草丛，是因为有人惊动了它们，因此，西边的草丛正是桑塔的藏身之处。

15. 娇艳的玫瑰

难度：★

能力培养

观察力 逻辑推理

星期天的下午，贝克街花店的老板张宇打电话向双双侦探寻求帮助：“我有位熟客好像失踪了，她叫茉莉，就住在花店的楼上，我平常上下班都会看见她。而且茉莉有个习惯维持了6年多，就是每个星期天她都会来买一束玫瑰花。但从上周开始就没见过她，她也没来买花，我有一种不祥的预感。”

挂掉电话，双双侦探赶到茉莉的出租房，撞开门后，发现茉莉已经被人杀死在房间中。

死者的房间收拾得很干净，窗台上还有死者生前买的玫瑰花，它们插在花瓶里，非常娇艳，花瓶里的水也是满的。

看到这一幕，双双侦探皱起了眉头，最后，她报告了警方，警方到来并带走了花店老板。

试问：双双侦探为什么怀疑花店老板？

【线索与推理】

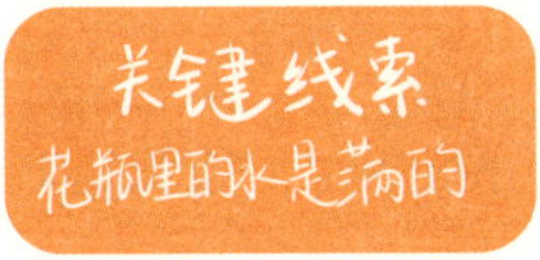

看到关键线索，你有什么想法？

根据茉莉的失踪时间，再结合关键线索展开思考，你会发现更多的秘密。接下来，仔细读一遍案件，将所有可能的线索填入下面的气泡图中。

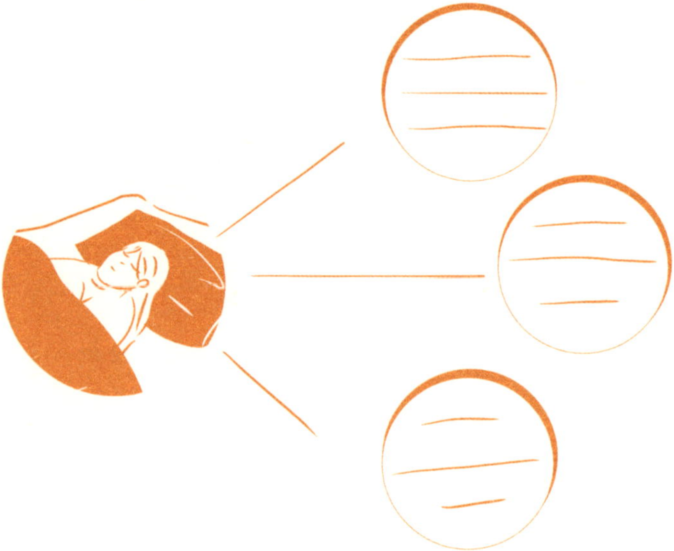

【真相大白】

如果真的像花店老板所说，茉莉是上周日开始失踪的，那么花瓶里的花经过一周的时间应该会枯萎了，花瓶里的水也不可能是满的，肯定会蒸发掉一部分。换言之，花店老板说谎了，茉莉不是上周日开始失踪的。

那么，花店老板为什么要报案呢？很可能是他担心尸体腐烂，发出臭味，引来警察，所以自己决定先找到双双侦探，也试图以此排除自己的嫌疑。

16. 监视危机

难度：★ 能力培养 逻辑推理

因为房租涨价，双双侦探不得不独自搬到一栋偏僻的公寓楼居住。

某天深夜，双双侦探结束了一天的调查回到公寓楼，正要上电梯时，抬眼望去，整栋楼都是黑的，没有亮光。

房屋中介告诉她，整栋楼目前只有她一个人居住，这样偏僻的公寓很少有人租。为了确保安全，双双之前还展开过调查，确信目前只有自己租住。

梳洗完毕，双双侦探躺在沙发上看书。

“真安静啊。”外面的楼道寂静无声。

突然，正在聚精会神看书的双双侦探听见从隔壁传来一阵乒乒乓乓的响声，这个声音就像是装修工人正在用锤子敲着什么东西，很快就吵得双双心烦意乱。

“怎么回事？对面能不能安静点！”双双愤怒地敲了敲墙，乒乓声戛然而止。

大约 5 分钟后，双双的手机忽然响了起来。“这么晚是谁打来的？”电话对面是一名陌生男子，他自称是双双侦探新来的邻居，今晚刚住进隔壁并临时装修了一会儿，为刚刚吵到双双的事情感到万分抱歉。见此人认错态度良好，双双侦探也就不再追究，和和气气地打了招呼后就挂了电话。

就在这时，双双侦探敏锐地意识到了什么，连忙穿着拖鞋跑下了楼，并且快速联系了小贝侦探。

试问：双双侦探发现了什么异常之处？

【线索与推理】

关键线索
空无一人

根据关键线索得知，双双侦探刚搬到公寓，整栋公寓只有她一个人。那么，怎么会有人装修呢？“邻居”又怎么会知道她的电话号码呢？将你的推论填写在下面的空格中。

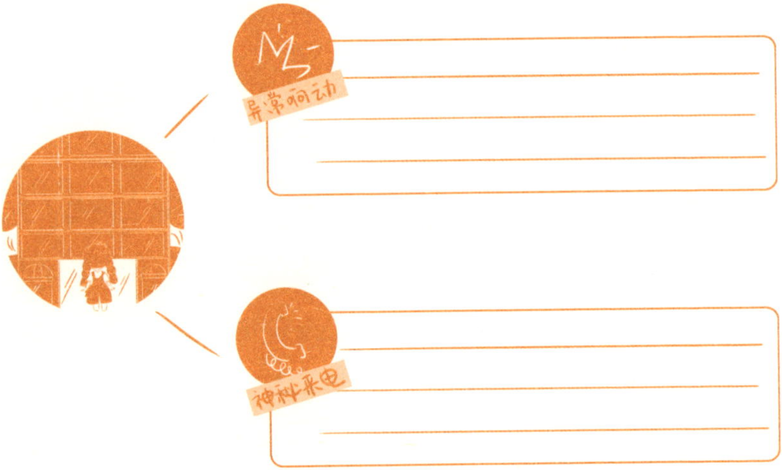

【真相大白】

双双侦探发现了两个异常之处：

其一，根据双双侦探的调查，这栋公寓楼目前只有她一个住户，那么隔壁为何传来装修的敲打声呢？

其二，双双侦探才刚搬到公寓楼没多久，“邻居”怎么可能知道她的电话号码呢？

综合以上两点，双双侦探推理出，自己被监视了，所以赶紧逃离。装修的声音，可能是对方在安装窃听设备；而打来的神秘电话，则说明对方已经掌握了自己的一些信息。

为了避免危险，双双侦探赶紧逃离了公寓楼。

17. 影子

难度：★★

能力培养

常识 逻辑推理

上次下毒事件之后，小贝侦探没有抓到狡猾的胡狼。这个臭名昭著的间谍再次潜入贝克街。为了保护市民的安全，小贝侦探吩咐自己的助理双双侦探对胡狼展开监视。

这天夜里，胡狼在酒店吃完晚饭后，便独自步行离开了酒店，似乎要前往某地与另一个间谍接头交换情报。

见此情景，双双侦探开始对胡狼进行跟踪。胡狼非常狡猾，而且反侦查意识极强，他习惯性地在街上绕了好几个圈子，最后钻进街边的一条小巷子。

这条小巷子不长，但是非常昏暗，整条巷子只有一盏街灯。

一开始双双侦探在 5 米外小心翼翼地跟着胡狼，但当他进入小巷子之后，双双侦探担心会跟丢胡狼，于是加快步伐，缩短了跟踪的距离。

一切都非常顺利，胡狼并未发现跟在身后的双双侦探。他戴着蓝牙耳机和人进行通话。

就在双双侦探路过街灯后没多久，胡狼突然关掉蓝牙耳机，快步冲出了巷子。不待双双侦探反应过来，胡狼就消失在夜幕之中。

跟踪失败后，双双侦探苦恼不已，同时她百思不得其解：自己明明已经非常谨慎，也没有发出任何声响，而且这一路跟踪过来，胡狼始终没有回头，他是如何发现自己被跟踪的呢？

试问：胡狼是怎样知道自己被跟踪的？

【线索与推理】

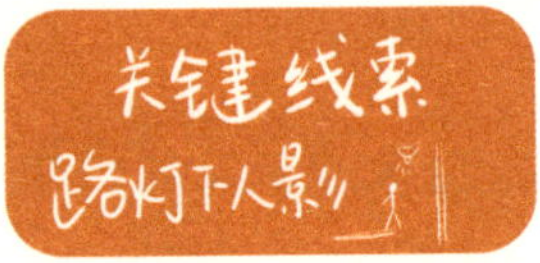

结合关键线索，思考一下，人在街灯下行走会出现什么现象？假如现在你就是双双侦探，试想一下，当你在路过街灯的时候，会在脚下看到什么？

推论：____

【真相大白】

小巷子是通过街灯来照明的，双双侦探之所以跟踪失败，正是因为这盏街灯。她在跟踪的过程中由于注意力过于集中，没有注意到自己被街灯投射到地面上的影子。

根据光的直线传播定律，当双双侦探离街灯越近的时候，影子越短；离街灯越远的时候，影子越长。所以，当双双侦探走过街灯的时候，胡狼虽然没有回头，但是通过地上的影子，发现有人在跟踪自己，从而快速逃离现场。

18. 玫瑰炸弹客

难度：★ 能力培养 常识、逻辑推理 观察力

在贝克街一直流传着一个神秘且恐怖的故事。

每个闰年的闰月，都会有一个居民收到一朵从外地邮寄来的红玫瑰。更可怕的是，收到红玫瑰的居民会在第二天离奇地被炸弹炸死。紧接着，这个变态炸弹客会将装有受害者遗像的包裹寄往警察局局长的办公室，并向媒体发表一封公开信，故意羞辱警方。

多年来，警方花费了大量的人力、物力来侦破此案，但始终没有找到炸弹客的任何信息。

眼看着闰年将至，为了保护居民不再受到炸弹客的袭击，

警察局局长特地前往侦探社邀请小贝侦探参与调查，但是这天小贝侦探去外地查案了。

于是，双双侦探自告奋勇，接下了这个案子。

双双侦探在了解案情后，对警察局局长说：“可以把炸弹客寄到警察局的受害者遗像给我看看吗？”

警察局局长：“当然可以。”

警察局局长打开公文包，把所有的遗像给了双双侦探。

双双侦探经过仔细地观察，发现这些照片都很奇怪。

“这些照片看起来就像身份证的证件照。”警察局局长随口说道。

不久后，贝克街再次发生了炸弹袭击事件。双双侦探连忙赶到现场，此时，现场围满了看热闹的居民，其中包括死者的邻居、饭馆厨师、电影院职员、身份证办理员、医生、建筑工人等。

双双侦探扫视了一眼人群，突然眼前一亮。

“让我介绍一下，这就是臭名昭著的玫瑰炸弹客！”双双侦探指着人群的中一个居民说道。

试问：双双侦探是如何判断出玫瑰炸弹客的呢？

【线索与推理】

通过分析关键线索，我们发现死者的照片就是身份证照片，那么请思考一下，谁有机会接触到受害者的身份证照片呢？

下面是一张围观人群的职业特点分析图，请写出他们各自的工作内容，从而更好地进行分析判断。

医 生

工 人

身份证办理员

电影职员

厨 师

【真相大白】

为什么要设计一张职业特点分析图？这是针对现场围观人群的，根据案情可知，这是一名心理变态的犯罪分子，每次犯案之后还会公开挑衅警方，可见其非常狂妄。而犯罪心理学有一种理论，一些内心极度变态的家伙，会在作案之后返回犯罪现场，欣赏自己的“作品”，双双侦探就是根据这一理论进行判断的。

双双侦探通过观察照片，发现正如警察局局长所说，受害者照片与身份证照片非常相似。这意味着，炸弹客肯定是一个能大量接触到居民身份资料的人。最终双双侦探认为，炸弹客就是躲在人群中的身份证办理员，只有她才有机会接触到大量居民的身份资料。

很多读者在推理时可能会将她排除在外，因为她是一名女性，觉得她不可能是变态炸弹客。但是，别忘了，每次犯罪之前，她都会给受害者寄一枝红玫瑰，她也因此被称为“玫瑰炸弹客”。

Chapter

下 篇

双剑合璧，天下无敌

1. 暗杀未遂

难度：★★

能力培养

常识、逻辑推理

国际上臭名昭著的间谍胡狼收到上级的指令：秘密暗杀逗留在贝克街的领袖肖胜科。胡狼从情报中了解到，肖胜科将于今天晚上出席一个宴会。

经过考察，胡狼决定在今晚行动，不惜一切代价完成任务。当天夜里，胡狼花了不少功夫混进宴会之中，并悄悄地走到肖胜科的席位前，眼见他拿出一大包药物（而根据线报显示，这是一种新研发的重金属毒药，药效据说不好）。

胡狼从一大包毒药中拿出一小袋，打算往食物里混入毒药，结果服务员刚好过来摆放桌子，胡狼只倒入了一小部分毒药。

而胡狼并不知道这种新研发的毒药效果不佳的情况，他认为这是组织给他的剧毒武器，一点剂量就能致命，于是他溜进人群中，远远地观察。看着肖胜科落座，随后拿起筷子大口大口地吃下含有毒药的食物，而且连喝了好几碗牛奶，胡狼有些纳闷，这个人怎么这么喜欢喝牛奶。

看到任务完成，胡狼吹着口哨，心情愉悦地离开了宴会，他觉得肖胜科肯定活不过今晚，自己的任务已经轻松完成。此时，胡狼甚至已经在脑海中想到第二天的新闻标题——《肖胜科离奇身亡》。

“小贝，要不要过去救人，肖先生他可能有危险……”隐藏在宴会中的小贝侦探与双双侦探，已经发现了胡狼的举动，看到这一幕，双双侦探赶紧询问小贝侦探。

小贝侦探又观察了一下肖先生，对双双侦探说："你先别着急，肖先生也可能状况没那么糟。你马上打电话叫医生，我去抓胡狼。"

试问：小贝侦探为什么这样说？

【线索与推理】

根据关键线索思考，重金属药物和牛奶混在一起会怎么样呢？

推论：______________________________________

【真相大白】

肖胜科吃下了含有重金属的食物，但又喝了好几碗牛奶，而牛奶中的蛋白质能与重金属相结合，减弱人体蛋白质的变性，能适当缓解重金属中毒，且胡狼加入的重金属毒药的剂量也非常有限，所以小贝侦探才说肖先生的状况也可能没那么糟（提醒：牛奶虽有适当缓解重金属对人体的害处，但作用也很有限，一旦食入重金属必须第一时间就医）。在安排双双打电话叫医生之后，事实上，小贝侦探全力投入到了追踪胡狼的行动中，并最终将其抓获。

2. 有毒的梳子

难度：★

能力培养：逻辑推理

“请让一下，我们是侦探，请让一下……”小贝侦探和双双侦探一边喊着，一边往前挤。

围观的居民实在太多了，两人好不容易才进入现场。死者是贝克街的一个知名歌手安娜，根据法医鉴定，死者是从口部摄入毒药后中毒身亡的。

小贝侦探仔细地检查现场后，在死者的梳子、头发和手指上均发现毒物反应。由此小贝侦探推测：死者应该是手指先沾染到毒物，之后二次接触转移到食物上，最后死者吃了有毒的食物中毒身亡。

“小贝，我找到了一个嫌疑人，她是死者的闺密方红，那把梳子就是她送给死者的。”双双侦探对小贝侦探说道。

“这样啊。”小贝侦探皱了皱眉头，然后快步走到嫌疑人面前。

“这把梳子是你送给死者的吗？”

“是。是我送给她的礼物，可是怎么会有毒呢？怎么会……”说着说着方红就哭了起来。

“梳子是昨晚送给死者的吗？”小贝侦探又问道。

“是的。昨天是她的生日，我就买了一把梳子送给她……一定是那个商家在梳子上涂了氰化钾，是他杀了我的好朋友，你们快去抓他，快去抓他啊！”方红歇斯底里地哭喊道。

听完，小贝侦探与双双侦探下意识地对视了一眼。

“跟我们走一趟吧！”小贝侦探大声说道。

试问：小贝侦探为什么怀疑方红？

【线索与推理】

根据小贝侦探和方红的对话，再结合关键线索展开思考。请仔细分析嫌疑人方红的供述，然后提炼关键词填在下面的括号图里。

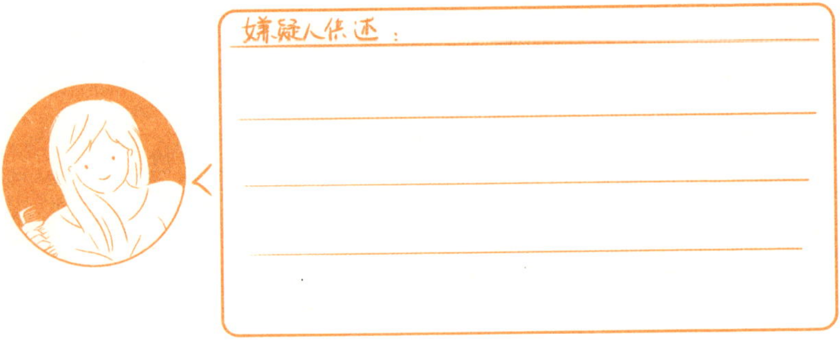

【真相大白】

之所以小贝侦探怀疑方红是凶手，是因为她暴露了以下两个明显的破绽。

其一，小贝侦探并未告知方红梳子有毒，只是进行例行询问，可是方红却指出梳子有毒，这表示她知道梳子是有毒的。

其二，方红不仅知道梳子有毒，还直接说出了毒药的种类——氰化钾。

以上两点均表明她实际上是知情的，具有极大的嫌疑。

3. 一封遗书

难度：★ 能力培养 观察力 想象力

一个初夏的夜晚，小贝侦探接到消息，贝克街小学的李小月同学离奇地死在教室中。小贝侦探接到警方协助调查的请求之后，赶紧通知双双侦探，两个人一起前往现场。他们来到现场，发现死者的手中紧紧握着一张用血写成的纸条。

双双侦探负责对李小月的同学和老师进行走访调查，并将信息报告交给小贝侦探。死者李小月是一个性格内向、有点自卑的女孩，在学校里总是受到同学的欺负。

随着李小月的死亡，校园里人心惶惶，到底是他杀还是自杀，一时间大家议论纷纷。因为没有更多的线索，小贝侦探只能拿着李小月留下的纸条反复研究，看着这一行行血红的文字，小贝侦探突然眼前一亮，马上找到了案件的突破口。

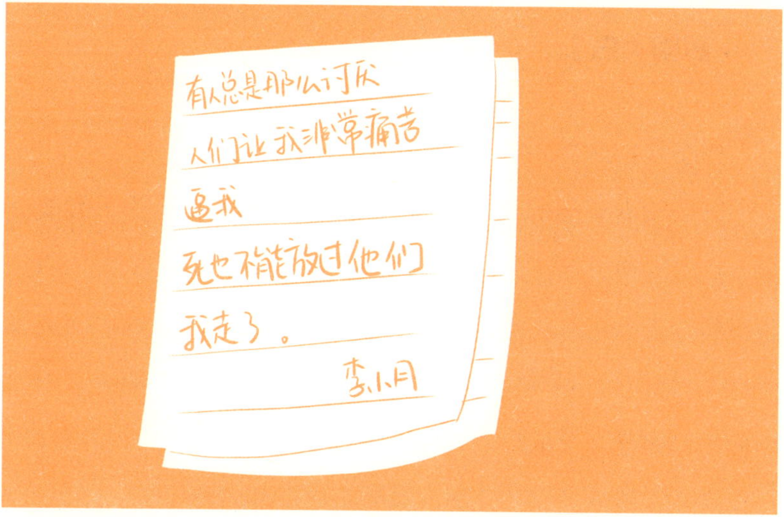

试问：李小月是自杀还是他杀？

【线索与推理】

关键线索
每行第一个字

仔细观察关键线索的提示，试着根据提示抽出一些文字进行组合，然后把答案写出来。

【真相大白】

李小月是自杀，但是真相也并非那么简单。

因为没有更多的线索，死者遗留的纸条便是最为关键的信息。通过对遗书的研究，可以发现其中包含着死者隐藏的信息，通过提取纸条每一行的首字，可以发现隐藏的信息为："有人逼死我"，从最后一句"我走了"可以看出，李小月是自杀，但她生前很可能受到过威胁或恐吓。

现在你能推测出，是谁"逼死"李小月的吗？

从双双侦探的走访调查得知，李小月是一个性格内向又自卑的女孩，平时经常被人欺负，所以"逼死"她的人有可能是她的同学。

4. 怪房客

一天，双双侦探自我打趣道："我就是一个行走的涨价机器。"怎么回事呢？这不，刚租了一个月的房子又涨房租了，为此，她不得不再次选择搬家。

在经历了之前被监视的恐怖经历之后，双双侦探再也不敢一个人住在偏远的房子里了。经过一番查找后，这次她在郊外找到了一栋价格低廉的老旧公寓楼，这一次她拉着小贝侦探帮忙，把行李搬了进去，顺便侦查一番。

让人意想不到的是，搬家的第一天晚上，双双侦探再次遇到了怪事。那是晚上 11 点的时候，双双侦探刚睡下没多久，就听到走廊里传来轻轻的脚步声，随后便是几声锯木般低沉的叫声，再之后是嘎吱嘎吱的怪异声响。

这可把双双侦探吓得不轻，几乎整晚都没睡好觉。第二天，双双侦探试图去寻找怪声的来源，但是什么都没找到。当天晚上 11 点钟，奇怪的声音再次响起……

听到双双侦探的哭诉后，小贝侦探琢磨了一下，然后向双双侦探解释了一番。听完小贝侦探的说法，双双侦探哭笑不得，当晚她睡得很香。

试问：双双侦探听到的怪声是怎么回事？

【线索与推理】

这道题有一定的跳跃性，凭空推理有一定的难度，但是我们仔细观察示意图，将每个细节拆分之后，相信也能推出答案。

怪声与行为是有关联性的，想一想这些声音与哪些行为有关？将你的推论写出来。

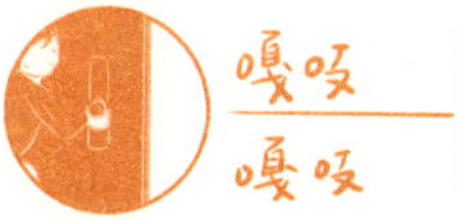

【真相大白】

小贝侦探思考了一番后对双双侦探说道：“其实这件事情很

简单，一点都不恐怖。走廊里传来轻轻的脚步声，首先，这是因为你有邻居很晚才回家，怕声音太大吵到其他住户，所以故意放轻了脚步。其次，听到几声锯木般低沉的叫声，这是因为走廊里的灯是声控的，因为公寓过于老旧，线路老化、不灵敏，所以这个邻居为了让灯亮起来，不得不轻轻地喊了几声。最后，传来嘎吱嘎吱的声响，这是邻居打开破旧的房门发出的声响。”

经过确认，小贝说的还真是事实。

5. 调虎离山

小贝侦探和双双侦探在破获一起珠宝抢劫案时，在贝克街的一处出租屋内发现了一袋赃物，就在这时，躲藏在暗处的嫌疑人突然跳窗仓皇而逃。

小贝侦探和双双侦探连忙对嫌疑人展开追捕。

刚离开出租屋，小贝侦探猛然醒悟过来，这是嫌疑人的调虎离山之计，于是他立刻赶回出租屋，但还是晚了一步，屋里的那袋赃物已经被嫌疑人的同伙带走了。

经过简单的搜查，小贝侦探并未在出租屋附近发现可疑的车辆。这一带也没有公交车和自行车，只有 400 多米外有一个

老旧的火车站。

情况紧急，小贝侦探连忙吩咐双双侦探在原地守候监视，以防嫌疑人重新回来，然后独自赶往火车站。

到了火车站后，小贝侦探仔细搜查了火车站的候车大厅，发现有 4 个乘客很可疑。他们分别是：

（1）手边放着大行李包，双手交叉扶着手臂，正在睡觉的男人；

（2）一个桌子上放着空奶瓶，弯着腰正在给孩子换衣服的女人；

（3）一个拿着名牌钱包，满头大汗看着电子手表的年轻人；

（4）一个刚刚从厕所出来，捂着嘴巴、脸色苍白的男人。

试问：偷走赃物的嫌疑人同伙是谁呢？

【线索与推理】

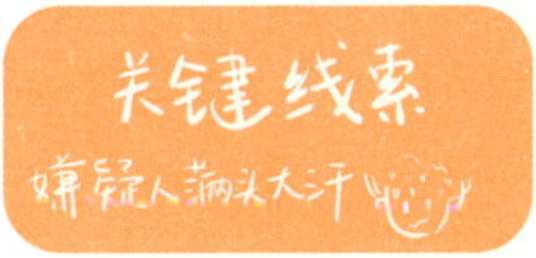

结合关键线索思考，嫌疑人同伙从出租屋逃往火车站，会出现哪些特征？

____

请你对 4 名可疑乘客进行分析，并填写下面的思维导图。

【真相大白】

偷走赃物的嫌疑人同伙是拿着名牌钱包，满头大汗看着电子手表的年轻人。

从题目可知，出租屋附近没有其他交通工具和可疑车辆，这意味着，该嫌疑人同伙要逃往火车站，只能通过跑步，而出租屋距离火车站有 400 多米，嫌疑人同伙逃跑时带着一袋赃物，这么大的运动量，当他到达火车站的时候，肯定会累得满头大汗。

6. 银行劫案

中秋佳节，侦探社的电话铃突然响起，小贝侦探赶紧去接电话。当他接完电话回到办公桌前时，脸色变得严峻起来。

“贝克街的一家金库昨晚被盗了，丢失了 100 块金砖，价值 3000 万元，我们要赶快去现场。”小贝侦探一边收拾东西，一边招呼助理双双侦探。

赶到金库后，小贝侦探了解到：发现失窃的是第一个到达的店员小张，发现失窃之后他第一时间报了警。就在小贝侦探了解案情的同时，另一边双双侦探开始检查金库的监控录像，但是很可惜，摄像头均遭到了破坏。

通过技术手段，双双侦探恢复了一些监控片段。根据这些片段，警方逮捕了3名劫匪。但是非常奇怪，在审问中，劫匪们承认了他们偷窃金砖的事实，却否认偷走了100块金砖。

劫匪说："是我们偷的金砖，我们只是喝多了一时兴起，由于毫无准备，根本拿不了那么多金砖，每个人抱着十几块跑的，根本没偷那么多，你们可不能诬赖我们！"

试问：

（1）劫匪有没有说谎？

（2）到底是谁偷走了其他的金砖？

【线索与推理】

思考一下，如果劫匪所言都是真的，还有谁有机会把金砖偷走？请结合关键线索进行推论。

____

____

____

接下来我们具体分析。

首先确定犯罪嫌疑人，案件中一共提到 4 名在场的嫌疑人，分别是 3 名劫匪以及店员小张。再根据线索一步步推导。

第一步，将线索收集起来填入表格。先来分析 3 名劫匪，结合他们的供述，仔细观察图片，你觉得他们说的是真是假？再来分析店员小张，假定他是犯罪嫌疑人，他是否有足够的时间作案？

第二步，根据线索作出合理的推论。

嫌疑人	推论
 劫匪	
 小张	

【真相大白】

第一个问题：劫匪没有说谎，所言属实，从图中就可以清晰地看出，3 个人由于一时兴起想抢金库，但并没有准备，连包都没有，甚至还穿着拖鞋，拿着酒瓶子，所以他们根本拿不走那么多金砖。

第二个问题：如果不是 3 个窃贼偷走的金砖，那么题目中的犯罪嫌疑人就只剩下店员小张了，可以很容易地锁定他。

经过审讯，小张承认，早上来到店里，看到金库大门打开着，摄像头又都被破坏了，于是心生贪念，想着先不报警，把这些金砖运走一些后再报警，从而将责任全部嫁祸给劫匪。没想到监控录像并没有完全被破坏，通过技术手段恢复了一部分内容，从而很快地锁定了劫匪，小张的诡计最后也被识破了。

7. 茶话会

难度：★

能力培养

常识 逻辑推理 观察力

今天，侦探社没有接到新的案子，小贝侦探和双双侦探百无聊赖地坐在扶手椅上喝茶聊天。为了打发时间，小贝侦探决定出道题目考考自己的助理。

小贝侦探伸了个懒腰，说起当年处理过的一个案子：

那是早春的某一天，上午还阳光明媚，可是一到傍晚 6 点，便突然下起了滂沱大雨。

因为这场大雨，我不得不呆在侦探社，就在这天深夜，我突然接到一个求助电话：在贝克街郊外，一个独居老人惨遭入室袭击。

我很快就到达现场，老人已经被送往医院，据警方说他被发现时仰面倒在房间内，因为伤势非常严重，一直处于昏迷之中。

老人的房间窗户被打碎，碎片散落了一地，屋内的财物也被洗劫一空。

报案人是死者的邻居顾强，根据他的说法：他在夜里 11 点左右，突然听到老人家中传来窗户玻璃破碎的声音，之后便是老人的呼救声，他连忙冒雨出门赶到老人家中，但这时候，那个男性窃贼已经带着财物逃跑了。

听了顾强的话，我盯着干燥、整洁、没有任何痕迹的房间地面沉思片刻，于是我在现场说道：“够了，你别装了，你的诡计已完全被我看穿了，你就是那个窃贼！”

小贝侦探的题目讲完后，双双侦探一边思索，一边不由得皱起了眉头。

试问：小贝侦探在现场时为什么那么说呢？

【线索与推理】

从天气的变化结合关键线索展开思考，同时根据下面的图片推理素材，将你能想到的写下来。

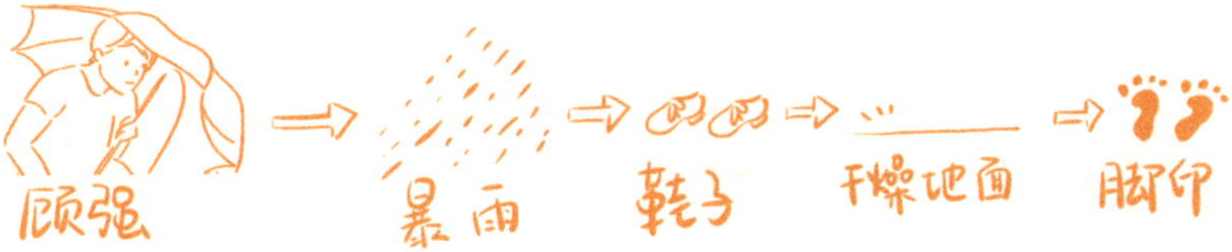

你的推论：

【真相大白】

根据顾强的说法：他是在夜里 11 点左右发现窃贼入室行窃并袭击老人的，但案发当天 6 点后便下起了滂沱大雨。如果顾强所言属实，那么窃贼一定会在室内留下湿漉漉的脚印。

可是小贝侦探发现老人的房间里地板非常干燥，从现场的状况也可以看到，现场并没有任何脚印。因此，毫无疑问，顾强在说谎，他就是嫌疑人，他应该是在 6 点之前入室盗窃并袭击老人的，那时候天还放晴，并未下雨，所以没有留下脚印。

8. 被枪击的女演员

难度：★

能力培养

逻辑推理

女演员秦玲住在贝克街公寓的七楼。周日这天，她在公寓里不幸遭到枪击，目前仍在重症监护室，还未脱离危险。凶手是从八楼的楼顶通过绳索爬到窗台上，然后透过窗户开枪击中秦玲的。

小贝侦探到达现场时，双双侦探已经找到了 3 个嫌疑人。

第一个嫌疑人是上官博，他曾是秦玲的保镖，后来在一次保护行动中，不幸被炸弹击中，炸断了双腿，目前只能靠假肢活动。因为赔偿的问题，他和秦玲闹得非常不愉快。

第二个嫌疑人是牛三宝，他是秦玲的疯狂追求者。为了

追星，给秦玲买礼物，他借了很多钱，但是当他满心欢喜地将礼物送给秦玲的时候，却遭到了秦玲的嘲笑，对此，牛三宝伤心欲绝。

第三个嫌疑人是贝克街基督教堂的牧师李亨利，他曾经和秦岭发生过冲突，因为秦玲在一档电视台中嘲笑上帝。

双双侦探汇报完后。小贝侦探思考了片刻，然后说道：“我知道凶手是谁了。”

试问：杀害秦岭的凶手是谁呢？

【线索与推理】

关键线索显示的是一颗破碎的心？这是什么意思呢？如果暂时没有思路，我们就从 3 个嫌疑人开始分析，将推论写在下面的思维导图中。

分析完每一个嫌疑人之后，再来看关键线索，你找到答案了吗？

【真相大白】

枪击秦玲的凶手是第二个嫌疑人牛三宝。

这道题可以用排除法进行分析，第一个嫌疑人上官博双腿被截肢，他显然不能从这么高的楼顶爬下来行凶。而第三个嫌疑人牧师李亨利也不可能行凶，因为案发当天是周日，这是基督教的礼拜日，所以他应该在教堂做礼拜。

因此，凶手是牛三宝，他因为被秦玲嘲笑，为了发泄自己心中的不满，最终决定枪击自己的偶像，这种行为是非常愚蠢、错误的。

9. 走私武器

难度：★★ 能力培养 常识 逻辑推理

寒风凛冽，冬日的贝克街一如既往的寒冷。

小贝侦探接到国际刑警的通知：臭名昭著的间谍胡狼又要开始行动了，有明确的情报显示，胡狼将从境外走私一批武器进入贝克街。

为了拦截胡狼，小贝侦探和双双侦探在警方的协助下伪装成安检人员，在进入贝克街唯一的道路上设卡盘查。

这天，他们例行拦下了一辆卡车。

“车上运的是什么？”小贝侦探问司机。

司机是一个年轻的男子，他淡定地回答道：“车上运的都是新鲜的菠萝蜜。”

说着，年轻人打开卡车的后门，然后打开其中一个木箱，小贝侦探看了一眼，箱子里确实装着黄澄澄的波罗蜜。

“大冬天还跑车，你这是从哪儿过来的，打算运到哪儿去？”小贝侦探边说边示意司机将相关证件交给一旁的双双侦探检查。

“我是从北方过来的。”司机关上车门，“准备到南方去。”

双双侦探检查了一番证件，没有发现可疑之处，于是将证件还给司机，示意他可以离开了。

看着卡车慢慢离去，小贝侦探隐约感觉自己遗漏了什么。

“等等，快拦住那辆卡车。”小贝侦探连忙冲双双侦探大喊，同时快速飞奔了出去。

试问：

（1）小贝侦探察觉到司机的什么可疑之处？

（2）司机可能是哪里人？

（3）武器藏在哪里？

【线索与推理】

从波罗蜜的生长习性与产地入手，再结合关键线索展开思考，写出你的推论。

【真相大白】

第一个问题：小贝侦探突然意识到：波罗蜜是一种热带水

果，不可能在北方生长，因此，司机说从北方运送波罗蜜到南方显然不符合常理。

第二个问题：这名司机应该是胡狼临时雇佣的，很可能是北方人，平时不常见到菠萝蜜这种南方水果，所以随口编造。

第三个问题：武器很可能藏在整箱的波罗蜜中，而这些箱子被压在最下面，不太可能被抽查到。

10. 凶器之谜

“小贝，又来案子了。”双双侦探挥了挥手对小贝侦探说。

“真是一刻也不让人闲着啊！”小贝侦探叹了一口气。

“给。”说着双双侦探从口袋里掏出一张照片。

小贝侦探接过照片看了起来，只见照片上有一个中年人趴在桌子上，照片上可以很清晰地看见那个人的脖子上有一道很长的伤痕，血流满了整张桌子，从照片上可以看到桌子上的纸张都被血浸湿了。

“死者是本市的一个老师，死在学校的打印室里。尸体是第二天另一个老师发现的，死因是失血过多，致命伤是脖子上的伤痕，是被某种锋利的东西划伤的，头部有被重物击打的痕迹，那个重物经查明是那个老师的保温杯。”说着双双侦探又拿出一张照片，照片上是一个红色的保温杯，“他当时应该在打印文件，警方猜测，凶手是在他打印文件时在后面用保温杯打晕了他，然后划破脖子将其杀害，但是……”

说到这里，双双侦探停顿了一下：“但是警方没有在现场发现划伤他脖子的利器，学校里虽然有几把刀，但都被确认没有血迹反应。”

“嗯，这桌子上的纸是什么？”小贝侦探问。

“就是普通的打印纸和这个老师要打印的文件。”双双侦探回答道。

“这样啊。”小贝侦探沉默了片刻，“我知道了，凶器就是……”

试问：杀害死者的凶器是什么呢？

【线索与推理】

本案的关键线索已经给出提示，我们只需要完成符合逻辑的推理。针对本案，我们可以总结出几条线索：

（1）凶器很锋利；

（2）案发现场在打印室；

（3）现场有很多纸张。

接下来，我们需要将潜在凶器列出来，然后分析死者的致命伤在什么部位，然后，找到最有可能导致致命伤的凶器。

【真相大白】

俗话说：“隐藏一片树叶最好的地点是树林。”警方搜查了整个学校，但都没有找到凶器，那么凶器在哪里呢？也许凶器就藏在案发现场。

由题目可知，案发现场是学校的打印室，打印室里有很多纸张。没错，警方要寻找的凶器其实就是纸张，当纸具有一定的硬度和韧性时，把纸对折拉直后也能划破皮肤。这位老师正是被打晕后，被凶手用多层的纸张划伤，最后因失血过多而死亡。

11. 敲诈

难度：★★

能力培养：常识 逻辑推理

一天晚上，双双侦探吃完晚饭后在街上闲逛。在经过一个巷子时，她在巷子的角落里发现了一个黑色的皮包，打开一看，里面有 1000 元崭新的现金。

因为皮包里没有留下任何失主的身份信息，双双侦探也没有更好的办法，最后在等候失主未果的情况下，带着皮包回到了侦探社。

翌日，双双侦探在报纸上看到寻物启事，原来失主是一个名叫江伟的富商。江伟在寻物启事中描述了皮包的样式（和双双捡到的皮包有些类似），并表示只要交还皮包，愿意给予 400

元奖赏。

双双侦探并非贪财之人，江伟说皮包既然是他丢失的，她自然愿意归还。于是，双双侦探根据寻物启事留下的电话，联系到江伟。

十几分钟后，江伟驾车赶到侦探社，在描述皮包细节时，双双发现江伟的描述其实有些许差异。双双正在考虑如何应对时，也把包拿给他看了看。谁知，当他接过皮包后，数了数皮包里的现金，居然还变了脸色。

“我皮包里明明放着10000元，怎么现在只有1000元了呢？”江伟指着双双侦探骂道：“是你捡到钱包的，一定是你拿走了我的钱。”

对于江伟的敲诈，双双一时没想到如何回应。就在这个时候，小贝侦探回到了侦探社，在了解事情的原委后，小贝侦探说了一句话，瞬间帮双双解了围，同时拆穿了江伟敲诈的骗局。

试问：小贝侦探说了什么，瞬间拆穿了江伟的骗局？

【线索与推理】

关键线索
逆向思维

针对本案，可以整理出两条线索：

（1）江伟对包描述其存在一些差异，且钱包里只有 1000 元；

（2）江伟在撒谎。

根据关键线索的提示，我们可以利用逆向思维思考本案。通过对上述线索的分析，我们已经推断出江伟在说谎，接下来的问题就是如何拆穿他的骗局。我们可以通过逆向思维的方式思考，看下面这张示意图，仔细观察两款钱包的样式，然后试着用一句话揭穿江伟的骗局。

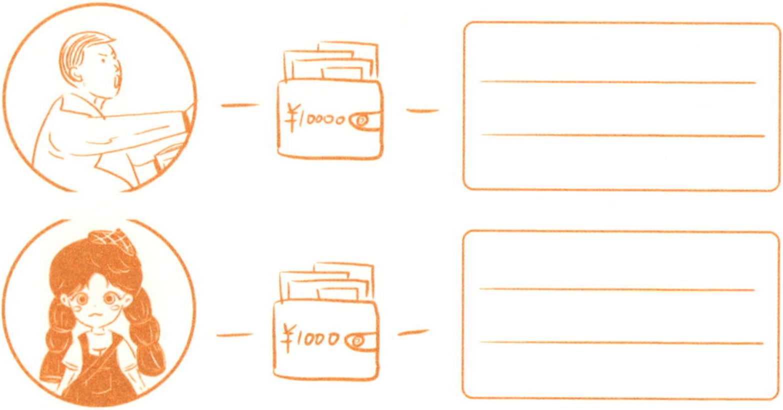

【真相大白】

小贝侦探说："既然你的皮包里的金额是 10000 元，双双侦探捡到的皮包里只有 1000 元，这就说明，这个皮包不是你丢失的，我们会将钱包交给警察，让他们来寻找真正的失主。"

小贝侦探说完后，江伟见敲诈未果，只能灰溜溜地离开了。

12. 离奇坠亡

难度：★★

能力培养

常识、逻辑推理

贝克街大风公司销售部门的一名职员离奇坠楼。警方调查得知，坠楼的这名职员名叫金平，此人业务能力极强，每个月的销售额都是全公司第一名，是大风公司名副其实的王牌销售员，每个月的薪资也远远超过其他员工，非常令人羡慕。

金平为人和善，从未和同事发生过争执，也没有仇家，警方想不到什么人会故意伤害金平。幸运的是，根据医院的反馈，金平伤势没有想象的那么严重，休养一年就能顺利出院。

但是苏醒后的金平严肃地告诉警方，他是被人推下楼的，并要求警方找到凶手。

警方调查了一段时间后，依然毫无进展，于是请来贝克街大名鼎鼎的小贝侦探和双双侦探。

小贝侦探接到警方求助后，带着助理双双侦探前往大风公司进行调查。大风公司职员众多，仅销售部门就有 11 个职员，除了经理，其他 10 个人都是一线销售人员。

小贝侦探找来经理，询问了公司的销售制度。经理详细讲述了奖励制度，其中有一条引起了小贝侦探的注意，那就是为了刺激销售人员，每个月的销售冠军除了提成之外，还能额外得到团队总业绩 10% 的特殊奖励。

小贝探长坐在金平的座位上陷入了沉思。就在这时，双双

名次	销售人员	1月	2月	3月
1	金平	10万	11万	7万
2	王冠	7万	9万	6万
3	李红	3万	3万	1万
4	萧春雨	1万	2万	0.8万
5	……	……	……	
6	……	……	……	

侦探走过来，将一张表格交给小贝侦探："小贝，你看看这个。"

这是一张销售排行表，该表按照销售额度列出了 10 个销售人员的名字，第一名是金平，第二名是王冠，第三名是李红，第四名是萧春雨……

小贝侦探盯着这张表格看了半天，最后，他指着表格上的一个名字说道："如果我没有猜错的话，凶手应该是他。"

试问：凶手可能会是谁呢？

【线索与推理】

关键线索
最大受益人

了解本案之后，我们先列出 3 条线索：

（1）伤者是王牌销售员；

（2）公司职员之间存在激烈的竞争；

（3）排行高低决定了薪资的多少。

再结合关键线索的提示，想一想金平受伤住院，对谁最有利？结合其他线索一起思考。

销售冠军金平一口咬定是被人推下楼的，那么从案子中的嫌疑人进行分析，可以排除销售经理，金平是他的得力干将，而且不存在竞争关系；剩下的 10 个一线销售人员，从第五名开始，销售业绩就没有竞争力了。文中提到金平为人和善，没有仇家，所以第五名到第十名这几个人也可以排除，因为他们业绩平平，不构成比较直接的利益威胁。

也就是说，王冠、李红、萧春雨 3 个人存在较大嫌疑，接下来我们通过思维导图进一步分析。

将 3 个人最近 3 个月的销售业绩相加，填在下面的横线上。

谁的业绩与销售冠军金平的业绩最接近？

______

如果销售冠军金平受伤不能上班，谁会是最大的受益者？

【真相大白】

小贝侦探通过观察销售排行表，分析了公司奖励制度之后，意识到销售人员之间存在着激烈的竞争关系，尤其是销售冠军的争夺，第一名可以获得 10% 的团队总业绩提成，这不是一个小数目。

因为金平是大风公司的王牌销售员，每个月都是第一名，长期下来，可能出现两种结果，其他业绩一般的销售员，因为差距过大而失去竞争意识；而与销售冠军最接近的人，则存在很强的竞争关系。

通过最近 3 个月的销售表可以看出，销售冠军被金平牢牢占据，而第二名都是王冠，因此小贝侦探推断出，将金平推下楼的很大可能是王冠。他的目的很明显，一方面是长期的嫉妒心理作祟；另一方面如果金平受伤不能上班，那么销售冠军就是他，同时可以拿到额外 10% 的高额提成。

13. 游乐园里的悲剧

难度：★★★

能力培养：想象力 逻辑推理

某天，小贝侦探和双双侦探结伴前往贝克街游乐园。进入园区没多久，他们就听到了刺耳的尖叫声，抬头一看，竟然有个人从摩天轮上掉了下来。

两人赶紧跑过去查看，死者是一名女性，因为从高空坠落身体严重变形。此时，双双发现了一个细节："咦，小贝，她的后背怎么会有圆柱形伤口的痕迹？"

本以为纯粹是一次意外事故，却因为这个细节发生了改变。

小贝侦探连忙拨打急救电话，同时双双侦探通知游乐园的管理人员和警方，封锁摩天轮的周边区域。经过调查确认，这

个游乐园的摩天轮样式陈旧，吊舱是开放式的，四周没有设置玻璃，只靠内部的安全带保护游客。此外，该摩天轮按顺时针旋转。

案发时，和受害者一起乘坐摩天轮的共有 4 名游客。小贝侦探找来摩天轮管理员问道："受害者当时坐在几号位置？"

"她坐在 7 号吊舱，她前面的吊舱是一个叫江庆的男人，江庆前面是 1 个空位，4 号坐着马红，1 号坐着李丁，受害者后面也是 2 个空位，大约 2 米的距离后面是 10 号位置，上面坐着的是王俊。"管理员答道。

小贝侦探若有所思地点了点头，然后向双双侦探询问："你从嫌疑人身上找到了什么可疑的物件吗？"

"是有一些发现。"双双侦探说，"李丁携带着一根可以伸缩的金属钓鱼竿。马红带着一个黑色单肩挎包。江庆的口袋里有一柄锋利的小刀。王俊带着一根绑着绳子的金属盲杖。”

“原来是这样啊。”小贝侦探若有所思地摸着下巴，“如果我没猜错，凶手肯定是那个人。”

试问：凶手是谁？他是怎样袭击受害人的呢？

【线索与推理】

关键线索

绳索拴着拐杖

根据已知线索进行分析。

第一步，通过思维导图确定嫌疑人，已知当时和死者乘坐摩天轮的一共有 4 个人，也就是说一共有 4 个嫌疑人。请自行填写下面的思维导图。

第二步，根据管理员的描述画出 4 个嫌疑人的位置草图（亲爱的读者，你画的位置草图准确吗？这可是破案的关键，不要急着看答案，先将自己在摩天轮的相应位置标出每个人对应的仓位号，然后和小贝侦探的位置图进行比较）。

“她坐在 7 号吊舱，她前面的吊舱是一个叫江庆的男人，江庆前面是 2 个空位，4 号坐着马红，1 号坐着李丁，受害者后面也是 2 个空位，大约 2 米的距离后面是 10 号位置，上面坐着的是王俊。”

死亡原因
受害人
嫌疑人1
嫌疑人3
嫌疑人2
嫌疑人4

下面是小贝侦探标注的位置图。

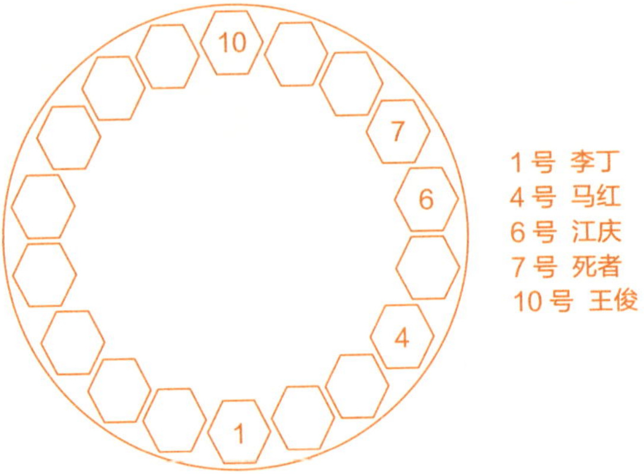

从上图分析，6号江庆的嫌疑最大，因为他离死者的距离最近。

先别急着下结论，还要进一步分析犯罪嫌疑人携带的潜在凶器。

“李丁携带着一根可以伸缩的金属钓鱼竿。马红带着一个黑色单肩挎包。江庆的口袋里有一柄锋利的小刀。王俊带着一根绑着绳子的金属盲杖。”

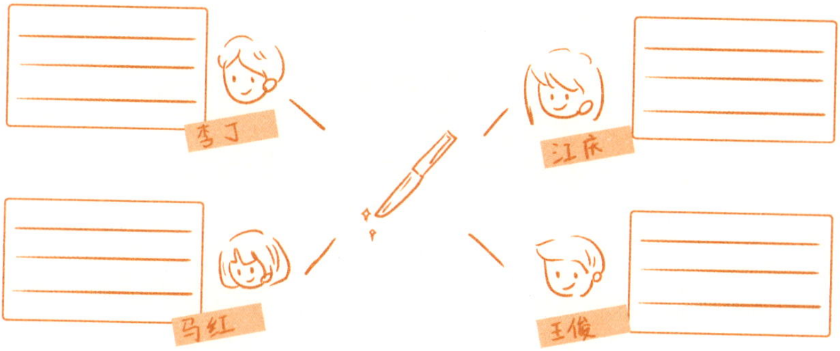

双双整理出潜在凶器列表。

李丁	马红	江庆	王俊
金属钓鱼杆	黑色单挎包	一把小刀	绳子金属盲杖

江庆的小刀杀伤力最大，最像凶器，因此他的嫌疑最大。

那我们可以就认定是江庆了吗？

还不能！还差最关键的一步——尸检。还记得受害者后背的伤吗？如果 6 号江庆是凶手，而他背对着 7 号受害人，如果他要行凶，受害人应该是前方遭到袭击。

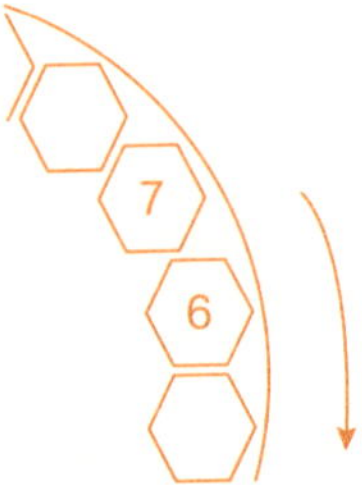

逻辑性强的读者会提出疑问，如果凶手趁着受害人背过身的机会袭击呢？

那么我们需要进一步分析伤口，伤口的痕迹是圆柱形痕迹，并非刀伤。因此，江庆的嫌疑被排除了。

接下来思路就清晰了：

（1）满足从后背袭击受害者的条件；

（2）可以造成圆柱形伤口的凶器。

再来看关键线索，绳索是用盲杖拴着的，也就是说，其实也是在 10 号王俊的“射程之内”的。聪明的小侦探，你们想到答案了吗？

【真相大白】

（1）王俊的 10 号位置，满足从后背袭击受害人的条件；

（2）凶器分析：绳索、盲杖。王俊使用了经特殊处理后的盲杖，盲杖能够造成圆柱形的伤口，虽然位置较远，但是可以通过绳索将盲杖绑紧，然后把绳子的另一端抓在手里。当摩天轮缓缓运行时，将盲杖当作标枪朝受害者的后背掷出。

现场回顾：王俊在通过凶器击中受害者后，拉动手中的绳索，收回盲杖。而由于背部受伤与击打、拉扯，使得受害者脱离了安全带，并摔下摩天轮。

14. 胡狼的末日

胡狼一开始只是一个由 N 国的情报机构秘密派遣到 C 国的普通间谍，一次机缘巧合，他救下了 C 国的情报局局长，此后，他的身份就变得复杂了，变成了一个双面间谍。

一方面，胡狼依然为自己的祖国效力；另一方面，他游走在 C 国情报界，为他们干了许多活儿。

胡狼知道自己的处境有多危险，只要他的身份曝光，不管是 N 国还是 C 国都会将他视为叛徒，除之而后快。只是胡狼没有想到，这一天居然会来得这么快、这么突然。两国都知晓了胡狼的双重身份。

这天上午，胡狼刚离开安全屋，就遭到潜伏的N国特工人员的袭击，之后双方展开了激烈的交锋。最终，胡狼寡不敌众，只能束手就擒。

特工人员蒙住胡狼的眼睛，将其带往一个公寓。在公寓里，他们对胡狼进行了严酷的讯问，但接受过特殊训练的胡狼什么都没说。

胡狼心里很明白，如果自己说出真相，等待他的除了一颗子弹，还会毁了自己声誉，并牵连一些熟人。

经过几天的审问，N国审讯人员也累了，于是他们亮出了底牌，将一个定时炸弹绑在胡狼身上，威胁道："你只有1分钟的时间。如果你不说，炸弹就会爆炸，这里虽然是一楼，但你别妄想能够逃离。"

说完，胡狼便感觉后脑一痛，晕了过去。

不知时间过了多久，胡狼迷迷糊糊地醒了过来，他发现蒙住眼睛的布条被人摘了下来，捆绑的绳索也被解开了。

"嘀嗒……嘀嗒……"

胡狼低头看了一眼身上已松绑的炸弹，时间马上就到1分钟了。来不及多想，胡狼连忙丢下身上的炸弹，从窗户跳了出去。

“整件事情，就是这样。没想到，这次又让狡猾的胡狼逃跑了。”双双侦探拿着笔记本向小贝侦探报告道。

听完双双侦探的报告，小贝侦探说道：“胡狼这次没能逃跑，我已经收到线报，他跳楼摔死了。”

“你的意思是，胡狼死了？”双双侦探问道。

“是的，现场被设计并促使其形成了自杀，但实际上他是被精心密谋后‘杀害’的。”小贝侦探说道。

试问：胡狼是怎么死的？

【线索与推理】

关键线索
胡狼跳楼

针对本案，可以找到以下 3 条线索：

（1）胡狼昏迷过一段时间；

（2）炸弹可能是假的；

（3）胡狼醒来后恢复了行动自由。

再来看关键线索，是一张胡狼跳楼的示意图，但是根据前文内容，特工告诉他所在的位置在 1 楼，这是怎么回事呢？

根据题目，结合关键线索展开发散思考，填写下面的思维导图。

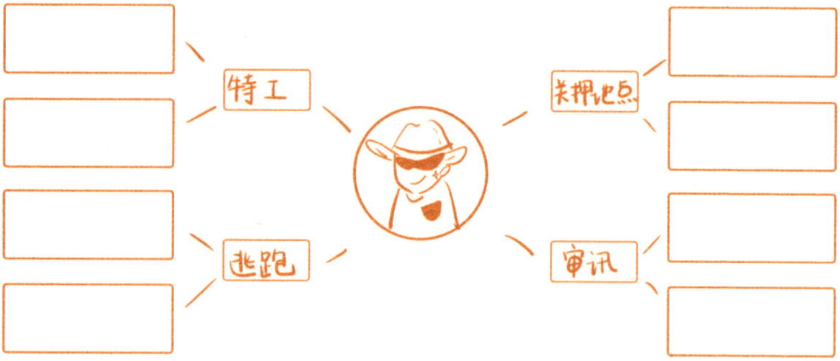

【真相大白】

为了除掉胡狼这个危险投机分子，N 国和 C 国的特工都展开了行动。N 国的特工人员为了套出胡狼的话，故意将一个假的炸弹绑在他身上，以逼迫他做出生死抉择。就在这时，C 国的特工赶到了，他们悄无声息地“解决”了 N 国的特工，并打晕胡狼，将其带到大厦的其他楼层。随后，N 国又派人解决了现场 C 国特工，并给胡狼身上的炸药松了绑。

胡狼醒来后，看到炸药时间快到，而且松了绑，又以为自己还在 1 楼的房间，于是跳了出去，最终坠楼身亡。实际上，这一切均在 N 国的计划之中，对付叛徒，除之而后快，同时让胡狼自杀死去，也免去了其他不必要的传言。

图书在版编目(CIP)数据

玩出来的逻辑思维．沉浸式侦探推理游戏书 / 伤蓝著．—北京：中国法制出版社，2022.1

ISBN 978-7-5216-2272-0

Ⅰ．①玩…　Ⅱ．①伤…　Ⅲ．①逻辑思维－思维训练－青少年读物　Ⅳ．① B80-49

中国版本图书馆 CIP 数据核字（2021）第 228772 号

责任编辑：赵　宏（wangyuefzs@163.com）　　封面设计：汪要军

玩出来的逻辑思维．沉浸式侦探推理游戏书

WAN CHULAI DE LUOJI SIWEI . CHENJINSHI ZHENTAN TUILI YOUXISHU

著者 / 伤　蓝

经销 / 新华书店

印刷 / 三河市紫恒印装有限公司

开本 / 880 毫米 ×1230 毫米　32 开　　印张 / 7　字数 / 120 千

版次 / 2022 年 1 月第 1 版　　2022 年 1 月第 1 次印刷

中国法制出版社出版

书号 ISBN 978-7-5216-2272-0　　定价：39.80 元

北京市西城区西便门西里甲 16 号西便门办公区

邮政编码：100053　　传真：010-63141852

网址：http://www.zgfzs.com　　**编辑部电话：010-63141837**

市场营销部电话：010-63141612　　**印务部电话：010-63141606**

（如有印装质量问题，请与本社印务部联系。）